EDUARDO GÓES NEVES

SOB OS TEMPOS DO EQUINÓCIO

OITO MIL ANOS DE HISTÓRIA NA AMAZÔNIA CENTRAL

*Ao lado disso, compreende-se como, por uma tendência
compensatória para aquele excessivo crédito que, durante
longo tempo, obtivera a doutrina de que os lugares cortados
pela equinocial hão de repelir os viventes de boa compleição
ou, quando menos, os seres humanos, sucedesse o pendor
invencível e não menos exagerado, para só distinguir em tais
lugares o que eles pudessem oferecer de salutar e aprazível.*
— SERGIO BUARQUE DE HOLANDA, *Visão do paraíso*, 1959

*[...] O vaso encerra o cheiro
e os ritmos da terra e da semente
porque antes de ser forma foi primeiro
humildade de barro paciente.*
— BRUNO TOLENTINO, "Nihil obstat", 1985

*Meu respeito pela história, o gosto que tenho por ela, provêm
do sentimento que ela me dá de que nenhuma construção do
espírito pode substituir a maneira imprevisível como as
coisas realmente aconteceram.*
— CLAUDE LÉVI-STRAUSS, *De perto e de longe*, 1990

Pra Daina, com todo meu amor.

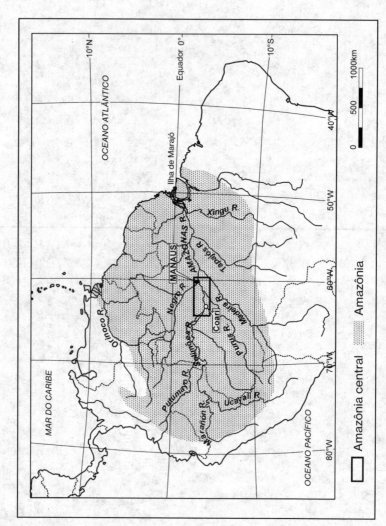

MAPA 1 Região amazônica.
Desenho: Marcos Brito.

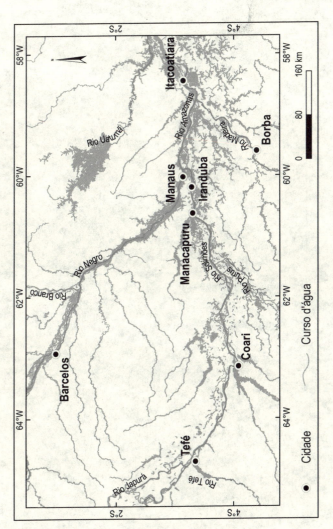

MAPA 2 Amazônia central.
Desenho: Marcos Brito.

INTRODUÇÃO

A história deste lugar chamado Brasil começa em 22 de abril de 1500. No entanto, numa estimativa conservadora, os ancestrais dos povos indígenas vivem por aqui há mais de 12 mil anos. Este livro busca contar uma parte dessa história, apresentando uma síntese do que se sabe dos 8 mil anos de ocupação indígena da Amazônia central. Buscarei ainda desdobrar a discussão para outros contextos da arqueologia das terras baixas da América do Sul. Espero com isso contribuir para a arqueologia brasileira, mas, sobretudo, quero demonstrar que a história do Brasil anterior à chegada dos europeus – que chamarei de "história antiga", em vez de "pré-história" – é riquíssima, interessante e relevante para o entendimento do lugar que o Brasil ocupa hoje no planeta.

Este livro persegue objetivos distintos, embora relacionados. O primeiro é apresentar uma reconstituição da história da ocupação humana da Amazônia central no longo período transcorrido desde o início do Holoceno, cerca de 10 mil anos atrás, até os primeiros momentos da colonização europeia, no século XVI EC [Era Comum].[1] O segundo objetivo é utilizar os dados e hipóteses da arqueologia da Amazônia central para discutir temas semelhantes presentes em outros contextos da arqueologia das terras baixas da América do Sul. A premissa, nesse caso, é que o potencial e as limitações da arqueologia da Amazônia central não são exclusivos dessa área, mas têm uma relevância que vai

---

1 Optou-se neste livro pela datação laica Era Comum (EC) e Antes da Era Comum (AEC), para evitar a referência cristã, alheia ao contexto estudado.

além do contexto regional. O terceiro, inseparável dos anteriores, é contribuir para o debate teórico e metodológico da arqueologia brasileira. Tal contribuição será indutiva, feita de baixo para cima. As discussões relativas à teoria ou ao método serão realizadas de maneira pontual, a serviço da interpretação dos dados e da resolução dos problemas colocados pela pesquisa.

A opção pela Amazônia central resulta de meu próprio envolvimento com a arqueologia dessa região, iniciado em 1995 em parceria com Michael Heckenberger e James Petersen. Desde essa época até o ano de 2010, dediquei-me quase que integralmente à pesquisa nessa área, interrompida por alguns flertes mais ou menos duradouros com outros contextos no Amapá e na bacia do alto rio Madeira. Ao longo dos anos, a pesquisa individual foi se somando à de outros colegas, a maioria deles alunos do Programa de Pós-Graduação em Arqueologia (PPGArq) do Museu de Arqueologia e Etnologia da Universidade de São Paulo (MAE-USP), mas também de outras universidades brasileiras e estrangeiras. O trabalho aqui apresentado pretende, portanto, ser uma síntese da arqueologia da Amazônia central, beneficiando-se de um esforço verticalizado de pesquisa, um mergulho na arqueologia de uma região poucas vezes realizado na arqueologia brasileira.

A curiosidade de entender melhor um contexto tão rico como o da Amazônia central gerou uma série de pesquisas individuais sob o grande guarda-chuva que é o Projeto Amazônia Central (PAC).[2]

O PAC trabalhou com a premissa de que só um esforço coletivo aprofundado e transdisciplinar pode superar as inúmeras limitações e dificuldades impostas pela prática da arqueologia. Tal aposta metodológica é ainda mais forte num contexto como o bra-

---

2 Foi fundamental para a execução deste projeto a parceria de longo prazo com a Fundação de Amparo à Pesquisa do Estado de São Paulo (Fapesp), que tem sido generosa na concessão de bolsas de pesquisa e de pós-graduação desde 1999.

sileiro, no qual a arqueologia mantém um caráter exploratório. Há, ainda, partes imensas do território brasileiro, principalmente na Amazônia, que são absolutamente desconhecidas pela arqueologia.

O texto aqui apresentado é quase inteiramente original, exceto os capítulos de descrições sobre os sítios, que se baseiam em dados de relatórios científicos não publicados. É desnecessário dizer que, num projeto de duração tão longa, e com participantes tão obcecados pelo tema, as interpretações aqui apresentadas não serão consensuais sequer a companheiras e companheiros de viagem arqueológica pela Amazônia central.[3]

Este texto, resultado de uma pesquisa acadêmica e apresentado como tese de livre-docência na USP em 2013, visa, no entanto, a uma audiência mais ampla, que transcenda o público especializado em arqueologia e alcance interessados na história dos povos indígenas das terras baixas e na Amazônia. Procurei ser leve na redação, e a mim cabe pedir a eventuais leitoras e leitores que não confundam leveza com superficialidade.

A ARQUEOLOGIA COMO CIÊNCIA HISTÓRICA

Antes de seguir adiante com a apresentação das hipóteses que orientam este trabalho, apresento as principais premissas conceituais do tipo de arqueologia aqui realizada. Em poucas palavras, pode-se dizer que esta arqueologia emprega alguns princípios do culturalismo histórico de meados do século XX com as noções mais recentes da ecologia histórica. Fundamental, no entanto, é a propo-

---

3 A essas companheiras e companheiros, muitos deles hoje colegas professores, alguns ainda alunos, todos, ou quase, absolutamente comprometidos com a pesquisa na Amazônia, agradeço pelo acesso aos relatórios, teses e dissertações que enriquecem o trabalho, mas, sobretudo, pela parceria intelectual que construímos ao longo dos anos, da qual muito me orgulho.

sição de que, nas terras baixas da América do Sul, a arqueologia dos períodos anteriores à colonização europeia é uma fonte privilegiada para o estudo da história antiga dos povos indígenas. Para isso, procura-se, sempre que possível, estabelecer um diálogo com a rica tradição intelectual estabelecida há décadas pela etnologia das terras baixas.[4] Exporei brevemente aqui as formas de diálogo crítico que podem se estabelecer, no âmbito de uma história dos povos indígenas das terras baixas, entre a arqueologia e a antropologia social.

É comum que se pense que a arquelogia estuda o passado, mas essa ideia é incorreta. A arqueologia estuda fenômenos do presente: os sítios arqueológicos e outros tipos de registros que viajaram pelo tempo, às vezes por milhões de anos, até os dias de hoje. Essa não é apenas uma distinção semântica; ela define de saída quais são as possibilidades e limitações que a arqueologia oferece para o conhecimento do passado. O passado é um país estrangeiro, um território estranho, ao qual jamais poderemos retornar. Qualquer tentativa de reconstituí-lo será sempre especulativa, sujeita a variações de humores, interesses ou agendas. Nada disso é novidade: há décadas historiadoras e historiadores sabem que a pretensão de conhecimento objetivo sobre o passado é ilusória.

No caso da arqueologia, essa tarefa é ainda mais complexa. Houve uma época, na década de 1960, em que, inspirados em uma ilusão positivista radical, arqueólogas e arqueólogos se preocuparam em construir um projeto de ciência exata para a disciplina, semelhante ao da física. Foram propostas leis gerais do comportamento humano e outras generalizações, como se a capacidade de produzir leis fosse o único caminho possível para a autenticidade científica. Tal projeto ruiu de maneira fragorosa a partir da década de 1980, embora redutos ainda resistam, encastelados em alguns departamentos acadêmicos espalhados pelo mundo.

4   A expressão "terras baixas da América do Sul" refere-se a toda a porção do continente localizada a leste da Cordilheira dos Andes.

Feitas essas ressalvas, é espantosa a capacidade que a arqueologia tem de revelar detalhes obscuros ou surpreendentes sobre o passado e seus habitantes. Refiro-me aqui especialmente à arqueologia das populações sem escrita, também conhecida como arqueologia pré-histórica, pré-colonial, ou mesmo dos povos "sem história". A prática dessa disciplina requer uma boa dose de esperança e até de ingenuidade: há que ter muita fé para acreditar que o estudo de pedaços de rocha e cacos de cerâmica enterrados ou espalhados pelo chão pode produzir algum tipo de conhecimento. No entanto, como por milagre, isso é possível. Nossa espécie, *Homo sapiens*, tem mais ou menos 300 mil anos de idade, dos quais apenas os últimos 4 mil ou 5 mil foram registrados por alguma forma de escrita. Ou seja, nossa capacidade de escrever nossa própria história abarca apenas 1,5% do tempo que vivemos no planeta. Se considerarmos a antiguidade de nossos ancestrais remotos, que habitaram as savanas africanas há cerca de 6 milhões de anos, a relação é ainda mais esmagadora: menos de 0,1%. A concretização desses pequenos milagres constitui a prática da arqueologia. Essa esperança quase pueril é dividida com outros profissionais obcecados pelo passado, mas é talvez com a astronomia que as semelhanças sejam maiores, pois o brilho das estrelas ou as ondas de rádio que atingem hoje as antenas ou as lentes dos telescópios modernos são viajantes que iniciaram sua jornada pelo tempo e pelo espaço também há milhões ou bilhões de anos.

Qual é, afinal, o objeto de estudo da arqueologia e por que é tão importante defini-lo como um fenômeno do presente? Arqueólogas são cientistas sociais que pretendem entender a história de populações do passado, mas fazem suas investigações a partir de uma fonte diferente da usada por historiadoras. Enquanto estas trabalham com documentos escritos como fonte primordial, embora não única, arqueólogas usam outro tipo de material: objetos, estruturas, feições, sepultamentos, restos orgânicos e outros detritos. Documentos escritos, mesmo o mais árido dos relatórios, contêm sempre uma carga intencional. Às historiadoras cabe, por força de seu ofício, realizar a crítica a esses documentos para deles extrair as informações procuradas. As fontes empregadas pela arqueologia são, por sua vez, mudas. Lascas de pedra, restos de carvão, conchas de bivalves, cacos de pote, amostras de pólen, pedaços de telha, sementes têm o silêncio profundo das pedras e dos túmulos, se comparados às fontes escritas.

O objeto de estudo da arqueologia é a materialidade. A propriedade mais importante da materialidade arqueológica é sua natureza híbrida. Embora objetos fragmentados ou inteiros componham uma parte importante do registro arqueológico, este é uma matriz de componentes culturais e naturais que inclui também elementos que não foram modificados pela atividade humana. Por causa da hibridez de seu objeto de estudo, a boa arqueologia retém um pouco do sonho renascentista de uma espécie de conhecimento generalizado sobre as sociedades humanas e a natureza. De fato, nenhum campo do conhecimento é tão bem equipado para entender em escalas temporais milenares ou centenárias como se constituíram as relações entre nossa espécie e a natureza. Tal ambição é ainda mais relevante em uma época que atravessa uma profunda crise socioambiental marcada pelo colapso das escalas geológica e histórica e pelas grandes acelerações que caracterizam o Antropoceno. Além disso, uma ciência que estuda a materialidade e suas propriedades é repentinamente bem equipada para estudar também um presente marcado pela produção desenfreada de toneladas diárias de lixo.

Em um mundo onde a produção e a circulação de conhecimento são cada vez mais fragmentadas, a utopia de uma espécie de conhecimento generalizante é obviamente inalcançável, mas a arqueologia ainda é capaz de formular perguntas passíveis de respostas elaboradas com base na investigação da materialidade. É justamente aqui, no âmbito das perguntas, que reside sua particularidade: as diferenças entre os objetos de estudo da arqueologia e as perguntas lançadas a tais objetos estabelecem de saída o campo de operação de arqueólogas e arqueólogos, para o qual podem fazer uma contribuição única.

Um exemplo disso pode ser observado nas relações que se podem estabelecer entre a arqueologia e a antropologia social. Na tradição acadêmica estadunidense, inaugurada por Franz Boas na virada do século XIX para o XX, ambas as disciplinas – juntamente com a linguística e a antropologia biológica – compõem uma ciência mais ampla, inclusiva, denominada antropologia. Trata-se de uma tradição centenária, muito forte nos Estados Unidos, mas menos influente na Europa, conhecida como os "quatro campos". No Brasil, a influência prática dessa tradição é relativamente fraca e esteve restrita muito mais às pesquisas realizadas em museus que aos departamentos de antropologia, embora as contribuições conceituais de Boas tenham sido imensas.

De um modo ou de outro, nas Américas é com a antropologia das sociedades indígenas, também conhecida como etnologia indígena, que a arqueologia tem estabelecido um diálogo mais consistente ao longo dos anos, e é justamente nos pontos de convergência e divergência ensejados por essa conversa que seu campo de atuação e suas possibilidades interpretativas podem ser delimitados. Tais convergências e divergências derivam das diferenças de objeto de estudo: desde Malinowski, o trabalho de campo em etnologia consagrou o modelo clássico da etnografia, por meio do qual investigadoras e investigadores permaneciam por períodos prolongados em campo, estudando minuciosamente uma sociedade em particular, em geral um grupo habitando pequenos assentamentos como aldeias ou vilas. Após esse mergulho profundo, as etnógrafas e os etnógrafos de campo voltavam com um registro detalhado das formas de produção material da sociedade estudada, bem como com dados demográficos, informações sobre religião, sistemas de parentesco, produção artística etc. De fato, as informações eram tão detalhadas que poderiam incluir, por exemplo, um censo preciso dos habitantes naquela comunidade.

Para continuar esse exercício comparativo, vale a pena recuar no tempo e imaginar uma comunidade semelhante, só que ocupada ao redor do ano 1000 EC em algum lugar da Amazônia brasileira. É óbvio que nessa época não havia antropologia nem arqueologia e que uma comunidade ocupada há mil anos era diferente das comunidades indígenas contemporâneas. Os habitantes dessa comunidade podem ter empilhado o solo para construir aterros sobre os quais erguiam suas casas. Em alguns casos, tais aterros eram dispostos em estruturas circulares, rodeando um pátio interno. As casas construídas eram de palha e madeira, assim como a maior parte dos objetos nelas guardados, com exceção de vasos de cerâmica e eventuais artefatos de pedra. De fato, dependendo do local, rochas são escassas na Amazônia e é pouco comum que tenham sido usadas, por exemplo, como material de construção. A produção de lixo orgânico, como restos de carvão, ossos de animais, sementes, folhas etc., lentamente depositado no fundo das casas, promoveu mudanças paulatinas na coloração e na composição química do solo, que aos poucos ia escurecendo e adquirindo um pH menos ácido. Imaginemos que essa comunidade foi ocupada durante dois séculos e que, ao longo do processo de ocupação, novos aterros foram sendo construídos, casas foram reconstruídas e mais lixo foi depositado.

Um belo dia, por alguma razão desconhecida, a aldeia é abandonada e, quase instantaneamente, o mato começa a crescer nos locais anteriormente dedicados a habitação e trânsito. Frutificam algumas das sementes jogadas nos quintais das casas, continuam crescendo as árvores plantadas pelos antigos moradores e aos poucos uma espessa mata de capoeira se forma, recobrindo objetos abandonados na superfície. Esses objetos, se feitos de palha, pluma ou madeira, vão aos poucos apodrecendo, enquanto os de cerâmica ou pedra podem até se quebrar, mas dificilmente vão se decompor. As casas vão caindo e, sobre elas, brotam árvores. Animais abrem suas covas em meio ao solo escuro e, eventualmente, moradores de outros locais visitam a capoeira para coletar frutas ou caçar. Como não é incomum, é possível que o local venha a ser reocupado mais de uma vez e, eventualmente, que alguma cidade surja ali também. Afinal, nada mais frequente na Amazônia que cidades modernas se desenvolvam sobre sítios arqueológicos.

Após essa longa história chegam, por fim, as arqueólogas e os arqueólogos, e o que encontram está longe de ser um registro preciso do que ocorreu ali no passado. Assim, ao contrário de seus colegas da etnografia, que podem observar diretamente e registrar em detalhes as atividades e seus significados em comunidades ocupadas em tempos e lugares determinados, arqueólogas e arqueólogos normalmente se defrontam com contextos repletos de ruídos, aos quais tentam impor algum sentido, como se estivessem lendo um livro velho sem capa, com páginas arrancadas e nem sempre numeradas, cheias de anotações e rabiscos, cuja ordem se foi alterando com o tempo. Talvez daí decorra o que o arqueólogo Lewis Binford denominou "premissa de Pompeia": a ideia de que o sítio arqueológico de Pompeia é tão famoso justamente por ser único, por trazer uma espécie de instantâneo da cidade à época da erupção do Vesúvio. Casos como esse são raríssimos em arqueologia. Arqueólogas e arqueólogos não fazem paleoetnografia; sua contribuição vem muito mais da capacidade, oferecida pelo registro arqueológico, de entender a história de longa duração, às vezes por centenas ou milhares de anos. Trata-se, enfim, de uma maneira específica de lidar com o tempo e seus ritmos.

A AMAZÔNIA CENTRAL NO CONTEXTO DA ARQUEOLOGIA DAS TERRAS BAIXAS DA AMÉRICA DO SUL

Dos anos 1960 aos anos 1980, o arqueólogo Donald Lathrap e seus alunos propuseram ser a Amazônia central uma antiga área de inovação cultural na arqueologia sul-americana (Brochado & Lathrap 1982; Lathrap 1970; Lathrap & Oliver 1987), caracterizada, entre outras coisas, pela ocorrência de cerâmicas bastante antigas e por ter sido um centro de diversificação linguística durante o Holoceno Médio.[5] De acordo com o raciocínio de Lathrap e associados, a Amazônia central seria uma área-chave devido ao padrão hidrográfico radial, característico da região amazônica, do qual ela é o centro: desde, por exemplo, as cercanias de Manaus, é possível o acesso hidrográfico ao norte da América do Sul e Caribe, via rios Negro e Orinoco; ao alto Amazonas, via rio Solimões; à bacia do Paraná, via rios Madeira e Guaporé, e, finalmente, ao litoral atlântico, via o baixo Amazonas (Figura 1).

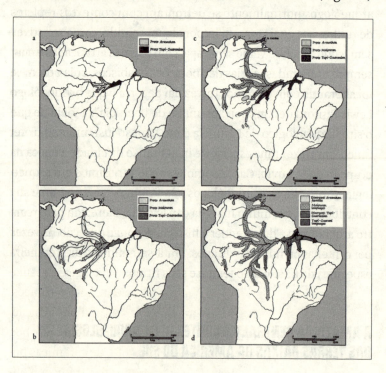

FIGURA 1 O "modelo cardíaco" de Donald Lathrap, publicado em *The Upper Amazon* (1970).

5   O Holoceno Médio é a época geológica transcorrida entre 8200 e 4200 anos atrás.

A essa configuração geográfica estaria associado um processo adaptativo bastante antigo, baseado na exploração da fauna abundante e dos ricos solos das várzeas amazônicas. Várzeas são as planícies aluviais dos rios amazônicos que têm sua origem nos Andes, também conhecidos como rios de águas brancas. Tais ambientes são muito produtivos devido à fertilização anual que esses rios promovem nessas planícies, quando depositam sedimentos cheios de nutrientes originados na Cordilheira dos Andes. Esse processo sustenta uma cadeia robusta que inclui plantas e animais, capaz de sustentar populações humanas numerosas e de propiciar o crescimento populacional.

Segundo a hipótese de Lathrap (1970), também conhecida como "modelo cardíaco", a milenar estabilidade adaptativa nas várzeas da Amazônia central conduziria a um processo de crescimento demográfico nessa região que levaria as populações excedentes a colonizar sucessivamente áreas adjacentes até que as várzeas amazônicas estivessem todas ocupadas por populações semissedentárias cuja principal fonte de recursos naturais seria a exploração da fauna ribeirinha combinada com o plantio de tubérculos, como a mandioca.

A formulação inicial do modelo cardíaco (1970) incluía também uma série de hipóteses – posteriormente desenvolvidas por Brochado (1984), Brochado e Lathrap (1982), Lathrap e Oliver (1987) e Oliver (1989) – correlacionando o registro arqueológico da Amazônia central ao suposto processo de diferenciação dos troncos linguísticos tupi e arawak nessa mesma área. Tal diferenciação estaria, de acordo com esses autores, ligada ao aparecimento, por volta de 5 mil anos AEC [Antes da Era Comum], de cerâmicas policrômicas da chamada "subtradição Guarita" da "tradição Polícroma da Amazônia brasileira" na Amazônia central.

A identificação de limites étnicos ou linguísticos no registro arqueológico é sabidamente problemática. A hipótese acima é, no entanto, interessante, porque oferece expectativas cronológicas (mais ou menos 5 mil anos AEC) e geográficas (Amazônia central) para a ocorrência de um fenômeno formalmente definido (a presença de cerâmicas policrômicas da subtradição Guarita), permitindo um teste arqueológico com pesquisas de campo, sem que se pretenda necessariamente associar esses complexos cerâmicos a grupos étnicos específicos.

Sobre os altos barrancos adjacentes às várzeas do rio Amazonas, e de alguns de seus principais afluentes, é comum a existência de grandes sítios arqueológicos, cobrindo áreas de dezenas de hectares, geralmente relacionados a solos de coloração bastante escura e alta fertilidade, as chamadas "terras pretas de índio" da Amazônia (Falesi 1974; Mora et al. 1991; Smith 1980). A natureza do processo de formação desses sítios foi fonte de um debate acirrado na arqueologia amazônica. De um lado, há arqueólogas e arqueólogos, como Hilbert (1968), Meggers e associados (1988), e Miller e associados (1992), que propuseram que o processo de formação desses sítios é resultado de inúmeros e repetidos episódios curtos de reocupação dos mesmos locais por populações semissedentárias. Tal hipótese provém de uma perspectiva determinista ambiental, que vê a Amazônia como uma região marginal no contexto da arqueologia sul-americana (Meggers & Evans 1983). De outro lado, há geógrafas, geógrafos, arqueólogas e arqueólogos como Denevan (1992), Myers (1973) e Roosevelt (1989), entre outros, que sugerem ser esses grandes sítios os correlatos arqueológicos de grandes e densos assentamentos sedentários pré-coloniais ocupados por longos períodos.

A verificação dessas hipóteses mutuamente excludentes tem consequências importantes para o entendimento dos padrões de organização social e política das populações antigas das várzeas amazônicas. Se, por um lado, a hipótese de Meggers e associados fosse corroborada, seria possível afirmar que os tais padrões não foram excessivamente modificados pela colonização europeia, já que essa hipótese projetava o registro etnográfico da segunda metade do século XX na Amazônia – caracterizado por assentamentos indígenas relativamente pequenos e dispersos – para interpretar o registro arqueológico da região.

Se, por outro lado, a hipótese de Lathrap e Roosevelt fosse comprovada, poderíamos afirmar que houve mudanças significativas entre os padrões de organização social e política antigos e os contemporâneos das populações indígenas da Amazônia, já que era rara ou inexistente à época, na década de 1970, a presença de assentamentos indígenas contemporâneos com área comparável a alguns dos sítios arqueológicos com terra preta da Amazônia.

A discussão que proponho a seguir indica um caminho que felizmente supera o forte dualismo que caracterizou os debates na arqueologia da Amazônia até o fim do século XX. Um notável amadurecimento acadêmico pôde ser observado nos últimos anos graças, em parte, ao maior engajamento de arqueólogas e arqueólogos sul-americanos na condução de pesquisas, à formação de novos cursos de graduação e pós-graduação e às políticas de ação afirmativa que têm permitido o acesso à univeridade de estudantes indígenas, quilombolas e ribeirinhos. Como resultado, perspectivas inovadoras têm sido apresentadas, sem necessidade de se enquadrarem no cenário de hipóteses que prevaleceu durante a segunda metade do século XX. Esta obra pretende também contribuir para a consolidação desse novo quadro, que é múltiplo e, portanto, mais interessante.

Procurei, ao longo do texto, trabalhar com alguns conceitos que, espero, possam atuar como ferramentas no desenvolvimento dos argumentos apresentados. O uso de categorias classificatórias como "culturas arqueológicas", "fases" e "tradições" será justificado ao longo dos capítulos. Faço também um uso ligeiro, e de maneira despretensiosa, dos conceitos de sociedades frias e quentes proposto por Lévi-Strauss ([1962] 2008). O entendimento equivocado do significado desses conceitos levou a uma série de mal-entendidos, como se Lévi-Strauss tivesse sugerido que as sociedades às margens do capitalismo, ou sociedades tradicionais, as típicas sociedades "frias", fossem sociedades sem história, cabendo apenas às sociedades da tradição judaico-greco-romana tal primazia. Na verdade, a distinção entre sociedades frias e quentes procura mais indicar, dentro de *categorias* assumidamente abstratas, as diferentes perspectivas que as sociedades têm com relação a suas histórias. Nas palavras de Lévi-Strauss em *O pensamento selvagem*: "umas procurando, graças às instituições que se dão, anular de maneira quase automática o efeito que os fatores históricos poderiam ocasionar sobre seu equilíbrio e sua continuidade; outras interiorizando resolutamente o devir histórico para dele fazer o motor de seu desenvolvimento" ([1962] 2008: 259-60).

Na Amazônia central, o registro arqueológico do primeiro e do segundo milênios EC parece indicar um contraste interessante entre ocupações de sociedades frias, em que a estabilidade e a mudança muito lenta parecem ter sido a regra, e sociedades quentes, caracterizadas aparentemente por um impulso à mudança, agudo como uma flecha atirada rumo ao futuro. Confesso que meu uso de tal distinção é muito mais metafórico que propriamente conceitual, mas me parece interessante, de qualquer modo, indicar como mudanças no registro arqueológico podem também ser indicativas de mudanças em regimes de historicidade. O exame do texto indicará se fui bem-sucedido ou não nessa tentativa.

CAPÍTULO 1

O FAZER ARQUEOLÓGICO: MATERIAIS, MÉTODOS, PRÁTICAS E CONCEITOS

Ao longo deste texto, serão alternados, às vezes de maneira assistemática, os termos "Amazônia central" e "área de confluência dos rios Negro e Solimões". O primeiro fará referência à área que vai, grosso modo, do baixo curso do rio Japurá, a oeste, à boca do rio Madeira, a leste; da latitude da boca do rio Branco, ao norte, à latitude da cidade de Borba, no rio Madeira, ao sul (ver mapa p. 11). Trata-se de uma definição mais ou menos arbitrária, cujos limites funcionam mais como um parâmetro que como fronteiras rígidas. O segundo termo inclui a região onde o PAC atuou de maneira contínua e sistemática de 1995 a 2010 e que é delimitada ao sul pelo rio Solimões, ao norte e a leste pelo rio Negro, e a oeste pelo rio Ariaú. A área de confluência é uma espécie de microcosmo da Amazônia central. Por esse motivo, será comum, ao longo do texto, a mudança de escalas de análise do local – área de confluência – para o regional – Amazônia central. Tais mudanças, espera-se, não deverão comprometer o desenvolvimento dos argumentos.

O AMBIENTE NA ÁREA DE CONFLUÊNCIA DOS RIOS NEGRO E SOLIMÕES

A área de confluência dos rios Negro e Solimões é uma região de mosaico paisagístico, caracterizada por ecossistemas de águas pretas e brancas. Nos anos 1950, Hilgard Sternberg (1998) observou, em seu clássico estudo sobre a geografia humana na ilha do Careiro, diferenças em termos de produtividade pesqueira, carga sedimentar e aptidão agrícola (Sternberg 1998: 44, 54-55, 58) entre os ecossistemas de águas brancas e pretas na ilha do Careiro, localizada próxima a Manaus.

FIGURA 2 Várzea do rio Solimões. Foto: Eduardo G. Neves.

O rio Solimões é, na tipologia dos rios amazônicos, o "clássico" rio de águas brancas, barrento, cujas cheias anuais fertilizam, com sedimentos recentes de origem andina, planícies de inundação de tamanho variável, as várzeas, compostas de diferentes hábitats, incluindo lagos sazonalmente inundados, canais em diferentes tipos de atividade, restingas, praias e ilhas (Latrubesse & Franzinelli 2002).

A fertilização regular das várzeas cria microambientes ricos em nutrientes, o que favorece o desenvolvimento de uma complexa cadeia que abarca peixes, crustáceos, aves, répteis e mamíferos. A cobertura vegetal da várzea abrange capinzais, aningais, igapós e florestas (Pires & Prance 1985: 126-30). Como em outras partes da Amazônia, a várzea é também tradicionalmente um local preferencial para agricultura e criação de gado

(Shorr 2000; Sternberg 1998). Na região de Iranduba, na margem norte do Solimões, a extensão da várzea varia de alguns metros a vários quilômetros. Na margem oposta, em direção à cidade de Manaquiri, a várzea é ainda mais extensa, chegando a dezenas de quilômetros (Latrubesse & Franzinelli 2002).

O rio Negro, como o próprio nome sugere, é um rio de águas pretas, cujas cabeceiras drenam os terrenos antigos do planalto das Guianas. Formações geológicas desse tipo, devido a sua antiguidade, já passaram por processos erosivos intensos ao longo dos milênios, que literalmente lavaram os nutrientes de seus solos. Consequentemente, rios de água preta têm potencial de fertilização baixo, o que reduz a produtividade primária dos ecossistemas a ele relacionados. A bacia do rio Negro não forma várzeas. Sua planície de inundação é pouco desenvolvida na área de confluência, sendo coberta por matas de igapó ou por belíssimas praias de areia branca (Franzinelli & Igreja 2002; Goulding et al. 1988: 20). Ao contrário das várzeas dos rios de águas brancas, matas de igapós são anualmente inundadas pelas águas ácidas e pobres em nutrientes dos rios de águas pretas. A carga de sedimento arenoso trazida por esses rios também é depositada, formando as extensas praias de areia branca características da bacia do rio Negro (Oliveira et al. 2001: 204). Apesar das diferenças em produtividade primária entre as bacias dos rios Solimões e Negro, o curso do baixo rio Negro – ou pelo menos uma faixa de 50 quilômetros rio acima a partir de sua foz, dentro da área de pesquisa – tem ainda uma influência do rio Solimões em termos da diversidade e número de espécies de peixes (Goulding et al. 1988: 100).

Em locais adjacentes às planícies de inundação do Solimões e do Negro há altos barrancos expondo depósitos cretáceos da formação Alter do Chão erodidos pela ação fluvial (Franzinelli & Igreja 2002). Sobre esses barrancos, é comum a ocorrência de sítios arqueológicos, um padrão de assentamento descrito por Denevan (1996) para outras partes da Amazônia. Assim, na Amazônia central, os sítios "de várzea" não estão tecnicamente localizados sobre a várzea, mas adjacentes a ela no alto dos barrancos muito acima da variação anual dos níveis dos rios, mesmo na época da cheia. Portanto, a flutuação no nível dos rios não deve ser vista como fator limitante ao estabelecimento de populações humanas em ambientes de várzea, como proposto por Meggers (1996).

Na área de confluência, os interflúvios são compostos de colinas e morros, com encostas de declividade variável, periodicamente cortados por igarapés. O levantamento arqueológico realizado por Luis Lima (2003) indica que os topos de colinas eram locais preferenciais para a ocupação humana antiga. Os solos da região, genericamente conhecidos como latossolos, são argilosos, têm coloração amarelada, pH ácido e baixa aptidão agrícola. É também comum a ocorrência de lateritas – solos com grande concentração de hidróxidos de ferro e alumínio – na superfície. Além dos latossolos, há também áreas de areais cobertas por vegetação do tipo campinarana e as terras pretas antrópicas associadas aos sítios arqueológicos.

Originalmente, a cobertura vegetal tinha uma grande diversidade de espécies, como é o padrão na floresta amazônica. Nos 10 mil hectares da reserva Ducke, próximo a Manaus, foram registradas 2200 espécies pertencentes a 150 famílias de plantas: 1300 espécies de árvores, 300 de cipós, 250 de ervas terrestres, 170 de epífitas e 60 de hemiepífitas (Vicentini 2001: 177). Esses parâmetros são provavelmente válidos para a área de pesquisa. Desde 1970, o desmatamento e a formação de pastos levaram ao aumento da concentração de algumas espécies de palmeiras, principalmente o tucumã (*Astrocaryum aculeatum*) e o inajá (*Attalea maripa*).[1] Nas áreas de terra preta, por outro lado, é notá-

---

[1] A área de confluência já foi bastante desmatada desde a década de 1970 e a recente abertura da ponte que atravessa o rio Negro a partir de Manaus só fez acelerar esse processo.

vel a alta densidade da palmeira caioé ou dendê (*Elaeis oleifera*). Nas baixadas e nas áreas alagadas, prevalecem concentrações de buritis (*Mauritia flexuosa*).

As pesquisas arqueológicas mostram que a área de confluência já passou por modificações antrópicas significativas mesmo antes do início da colonização europeia. Tais modificações são visíveis nos ecossistemas de águas brancas e pretas, bem como nas áreas de interflúvio. O exemplo mais claro são os solos de terra preta, que são muito férteis e desempenham papel social e econômico fundamental e são utilizados por pequenos proprietários, juntamente com as áreas de várzea, na produção de alimentos para o abastecimento de Manaus. A pesquisa arqueológica mostra que tais solos têm uma origem antrópica, isto é, correspondem a antigas aldeias da região, indicando como os padrões de assentamento do passado moldam os padrões atuais de ocupação.

Os areais da bacia do rio Negro e da Amazônia central são extensas áreas cobertas por solos arenosos, porosos, claros e bastante ácidos. São constituídos por areias de textura grossa misturadas com matéria orgânica, ferro e alumínio (Jordan 1985: 90). É provável que a presença dessas extensas áreas em toda a bacia do rio Negro seja determinante para a coloração escura e a acidez das águas desse rio e da maioria de seus afluentes (Goulding et al. 1988: 33).

Os areais são recobertos por vegetação do tipo campinarana – também conhecida como caatinga amazônica. Campinaranas são formações abertas com uma flora peculiar, caracterizada por árvores de porte geralmente menor que as das matas de terra firme, com folhas e caules grossos e abundância de musgos e liquens, tanto sobre as plantas como sobre o solo (Pires & Prance 1985: 140-41). Pires e Prance propõem que campinaranas se desenvolvem em locais com clima adequado ao desenvolvimento de florestas, mas que, devido aos fatores limitantes formados pela acidez e pela porosidade dos solos, apresentam vegetação raquítica. Em campinaranas estudadas ao norte de Manaus, verificou-se uma correlação positiva entre o porte da vegetação e a profundidade do lençol freático (Oliveira et al. 2001: 190). Na mesma região, os cortes de estrada mostram que as áreas de areia branca tendem a se depositar nas partes baixas das encostas, enquanto no topo das colinas há áreas de solos amarelo--avermelhados cobertos por mata típica de terra firme (Ibid.: 189). Assim, embora integrando unidades claramente distintas, campinaranas ocorrem sob a forma de mosaicos, com áreas de concentração entremeadas a áreas de matas de terra firme.

A área de atuação do PAC coincide, em linhas gerais, com os limites do município de Iranduba. Pequeno para as dimensões dos municípios amazônicos, Iranduba tem condições favoráveis para o desenvolvimento de um projeto arqueológico de longa duração. Em primeiro lugar, conta com uma situação logística relativamente boa, graças a sua localização, na margem direita do rio Negro, no lado oposto à cidade de Manaus. A proximidade da capital do estado tem como consequência a abertura de estradas que cortam o município, facilitando o acesso às áreas de pesquisa. Dentre essas estradas destaca-se a rodovia Manuel Urbano, que conecta Manaus a Manacapuru e corta Iranduba no sentido leste-oeste, e da qual saem estradas vicinais que alcançam os rios Negro e Solimões. Em segundo lugar, e como consequência da proximidade a Manaus, Iranduba é um município com atividade agrícola relativamente intensa, que inclui o plantio de frutas e legumes para atender ao mercado de Manaus e a criação de gado. Atualmente, após a construção da ponte do rio Negro, a cidade está se tornando um dormitório de Manaus. Se tais atividades provocaram, por um lado, grandes desmatamentos na área do município, por outro, elas aumentam a visibilidade dos sítios arqueológicos da área de estudo, contribuindo indiretamente para a resolução de um grande problema prático da arqueologia amazônica: sua baixa visibilidade.

Juntamente com o Negro e o Solimões, o outro curso d'água importante da área de pesquisa é o rio Ariaú, que marca seu limite oeste. O Ariaú tem uma situação curiosa, já que funciona como um furo, conectando o Solimões e o Negro antes do encontro desses dois rios. Ao Ariaú está ligado o lago do Limão, onde muitas atividades de campo foram realizadas. Todos os cursos d'água da região manifestam um mesmo ritmo de cheias e vazantes: dos meses de janeiro a julho, aproximadamente, os rios estão cheios, as praias e várzeas desaparecem e a pesca fica mais difícil. De agosto a dezembro, o verão, os rios vazam, praias e várzeas aparecem e a pesca se torna abundante. É também durante esse período que afloram alguns dos pedrais que permanecem submersos durante o inverno tanto no Solimões como no Negro. No ano de 2010, a seca recorde registrada na boca do rio Negro revelou, pela primeira vez de que se tem notícia, a ocorrência, no encontro das águas, de um extenso afloramento rochoso cheio de gravuras antropomorfas representando rostos.

A IDENTIFICAÇÃO DOS SÍTIOS

O levantamento de sítios teve um caráter exploratório, com a preocupação de obter dados gerais sobre tamanho, densidade e duração de ocupação dos sítios da área. Na medida do possível, procurou-se obter certo equilíbrio na representação regional dos sítios escavados, incluindo assentamentos localizados às margens dos dois grandes rios, nas áreas de interflúvio e nas bacias internas, como a do lago do Limão. Ao longo dos anos, no entanto, é forçoso reconhecer que houve uma tendência maior em escavação de sítios localizados sobre os barrancos ao longo das várzeas do rio Solimões.

Durante os primeiros anos de atuação do projeto, as atividades de levantamento, mapeamento e escavação ficaram restritas às áreas ribeirinhas. A partir de 2001, contudo, o levantamento regional realizado por Lima (2003) indicou a presença de grande quantidade de sítios e ocorrências arqueológicos também nas áreas de interflúvio. Lima (2003) mostrou também uma correlação entre sítios arqueológicos pré-cerâmicos e os areais localizados nos interflúvios da área de pesquisa, conforme atestado pela identificação e posterior escavação do sítio Dona Stella (Costa 2002). Em 2002 foi realizado um levantamento arqueológico parcial nos areais da área de confluência que permitiu a localização de doze sítios.

No caso dos areais, a estratégia do levantamento foi percorrer as principais estradas vicinais, entre os quilômetros 8 e 34 da rodovia Manoel Urbano, que corta a área de pesquisa de leste a oeste, estradas vicinais que fornecem uma malha de acesso efetivo às áreas de interflúvio. O objetivo principal foi avaliar até que ponto existe uma relação entre esses areais e os sítios com objetos de pedra lascada, potenciais indicadores de ocupações mais antigas. Todos os sítios encontrados estão em areais próximos a igarapés de água preta, com vegetação do tipo campina, e em muitos deles é possível observar afloramentos da rocha de arenito típica da região.

Finalmente, Moraes (2007) realizou um levantamento da área do lago do Limão e suas margens, como parte de sua pesquisa de mestrado. Nesse caso, o levantamento foi realizado por barco e carro, resultando na identificação de mais catorze sítios.

Os levantamentos regionais permitiram, enfim, a identificação de cerca de cem sítios arqueológicos em uma área de aproximadamente novecentos quilômetros quadrados. Uma vez mais, dado o caráter exploratório que a pesquisa tinha em 1995, a opção por estratégias oportunistas parece ter surtido um resultado efetivo, em face do desconhecimento anterior sobre a arqueologia regional. É importante mencionar que, também na Amazônia central, a equipe do PAC participou de outro projeto de grande porte, o Levantamento Arqueológico do Gasoduto Coari-Manaus, realizado entre 2005 e 2009. Nesse caso, as estratégias de levantamento foram diferentes das realizadas na área de confluência e tiveram um caráter sistemático, dado pela própria linha do gasoduto, que formou um transecto de cerca de 570 quilômetros de comprimento e 20 metros de largura, que foi literalmente percorrido em toda a sua extensão, salvo em áreas alagadas. Os resultados dos trabalhos em alguns dos sítios do gasoduto também serão discutidos aqui, embora não de maneira exaustiva.

O TRABALHO NOS SÍTIOS ARQUEOLÓGICOS

Na Amazônia, além dos custos altos, a cobertura vegetal e as condições de acidez do solo configuram fatores limitantes à realização de trabalhos de campo arqueológicos. Por isso, é comum que se considere que as condições de preservação de contextos arqueológicos sejam piores ali que em outros locais. Ao longo dos anos, no entanto, as atividades de campo no PAC envolveram uma série de experimentos e iniciativas que levaram ao desenvolvimento de estratégias de trabalho de campo adequadas ao contexto amazônico. Tais iniciativas são baseadas menos em estratégias fechadas e metodologicamente rígidas e mais em procedimentos comuns que têm como principal preocupação o registro e a definição dos contextos, artefatos e ecofatos recuperados. A premissa da metodologia do PAC é que o objeto de estudo da arqueologia é híbrido, uma matriz de componentes naturais e culturais. A atenção, portanto, à recuperação de artefatos inteiros ou fragmentados é tão importante quanto a coleta de amostras de restos de fauna ou flora. Isso não é necessariamente uma grande novidade na arqueologia. A diferença nesse caso é que na Amazônia, devido à influência da ecologia histórica, é cada vez mais importante que se identifiquem formas de constituição de paisagens e modificação da natureza no passado. Nesse sentido, a correta contextualização e escavação de amostras de solos antrópicos pode em alguns casos ser até mais importante que a de artefatos. No caso amazônico, além do mais, é surpreendente a quantidade de feições preservadas, tais como buracos de poste, covas, valas, fossos etc.

FIGURA 3 Feições de terras pretas identificadas no sítio Laguinho. Abaixo, à esquerda, antes da escavação; acima e abaixo à direita, depois da escavação. Fotos: Eduardo G. Neves.

Por "feições" entendem-se aqui quaisquer marcas de atividades que deixaram vestígios discretos e bem delimitados. Em alguns casos, tais feições podem ser acompanhadas por artefatos, como é o caso de lixeiras usadas para o enterramento de cerâmicas. Em outros, no entanto, o único vestígio disponível é o próprio solo enegrecido pelo enriquecimento de matéria orgânica.

A palavra mais importante em arqueologia é "contexto". A segunda é "registro". No caso do PAC, adotou-se uma metodologia híbrida, introduzida no Brasil por James Petersen e Mike Heckenberger. A metodologia prevê o uso sistemático de diferentes tipos de ficha de registro, visando padronizar e acelerar o processo de aquisição de dados em campo.

Embora seja sempre recomendável o uso, nas escavações, de controles estratigráficos baseados em camadas naturais ou culturais que representem os diferentes eventos na história de ocupação dos sítios, é também plenamente justificável, em contextos desconhecidos ou malconhecidos, o uso de escavações por níveis artificiais. Cabe aqui uma breve definição dos conceitos de "níveis" e "camadas". Níveis são definidos por critérios arbitrários, compostos sempre de centímetros regulares. Na abertura de tradagens, por exemplo, é comum o uso de níveis artificiais de 20 centímetros. Na abertura de escavações, quando feitas por níveis artificiais, estes têm sempre 10 centímetros de espessura. Camadas são baseadas em um conhecimento prévio da estratigrafia dos sítios e se definem pelos limites dos estratos, que têm espessura variada. Como em tudo no PAC, foi comum que nas intervenções de campo se tenham utilizado, no mesmo sítio, escavações por níveis artificiais e por camadas, uma variação explicada pelos contextos particulares abordados. Menos que falta de rigor, essa abordagem não dogmática mostra que são os contextos e problemas enfrentados no campo que definem os métodos, e não o oposto. Mais uma vez, o importante é sempre o registro dos procedimentos empregados.

Uma vez localizados, sítios arqueológicos foram trabalhados em três escalas diferentes de resolução. A primeira, de grande resolução espacial, mas pouca resolução estratigráfica, consiste na plotagem de malhas de tradagens, ou perfurações, realizadas sistematicamente, na maioria dos casos com espaçamentos regulares. As tradagens foram abertas com profundidade máxima de 100 centímetros. A abertura sistemática de tradagens é vantajosa porque permite que se obtenha rapidamente, e com uma pequena margem de intervenção, uma boa noção, ainda que preliminar, sobre a variabilidade da distribuição de vestígios no sítio arqueológico, auxiliando também em sua delimitação.

Tipicamente, a malha de tradagens é estabelecida com um instrumento de topografia ou mesmo uma bússola. Uma vez estabelecida a malha, em geral com 25 metros de espaçamento, tradagens concomitantes eram abertas por grupos de dois indivíduos: um responsável pela tradagem em si, outro pelo preenchimento das fichas de registro. As tradagens foram sempre realizadas em níveis artificiais de 20 centímetros. As fichas foram preenchidas com informações sobre a profundidade das camadas arqueológicas, a coloração do sedimento das camadas e a contagem do número de fragmentos obtidos.

Procedendo da maneira descrita acima, sítios com dezenas de hectares de área puderam ser rapidamente mapeados de maneira preliminar. Os dados obtidos nas malhas de tradagens, tais como profundidade dos depósitos arqueológicos e número de fragmentos obtidos por tradagem individual, possibilitaram assim a determinação de unidades de escavação em tempo relativamente curto e com bastante precisão. A utilização de malhas de tradagens sistemáticas constitui-se ainda como o método mais efetivo de mapeamento preliminar de sítios arqueológicos para a arqueologia amazônica. Roosevelt (1991) utilizou métodos geofísicos no mapeamento do Teso dos Bichos, ilha de Marajó, mas tais métodos apresentam comparativamente poucas vantagens, em uma relação custo-benefício, quando se leva em conta as imprecisões inerentes a sua aplicação, o peso e volume dos equipamentos e a necessidade da presença constante de um técnico que saiba operá-los e interpretar os dados. Trados, por sua vez, são altamente portáteis e de fácil aplicação, podendo ser transportados sem problemas por trilhas no meio da mata.

Em seguida às tradagens, a segunda escala de resolução consiste na abertura de sondagens de 0,5 metro quadrado de área. Tais sondagens são geralmente dispostas regularmente, intercaladas com a malha de tradagens. De fato, a malha de sondagens e tradagens obedece ao padrão básico de quadriculamento do sítio, composto de unidades (quadrículas) de 1 metro quadrado, estabelecidas com instrumento topográfico, e linhas mestras, orientadas ortogonalmente, que definem o quadriculamento. No caso de locais com cobertura de mata, picadas foram abertas ao longo dessas linhas.

As quadrículas são denominadas de acordo com um sistema de coordenadas cartesianas orientadas a partir de um zero arbitrário. Nesse sistema, a identificação de uma quadrícula é dada pela sua distância em relação a esse zero. Assim, uma quadrícula localizada, por exemplo, 90 metros ao norte e 240 metros a leste do ponto zero receberá a identificação 90N-240E. Procedendo dessa maneira, determina-se a localização precisa de uma quadrícula dentro do sistema de coordenadas cartesianas, podendo-se assim retomar o trabalho em outras quadrículas, amarradas ao mesmo sistema, em pesquisas de campo subsequentes.

Como foi dito, sondagens são escavadas em níveis artificiais de 10 centímetros. O registro da escavação é feito em fichas padrão, nas quais são anotadas observações relativas à estratigrafia e ao tipo de sedimento encontrado. Depois de peneirado, o material resultante de cada nível é ensacado separadamente e recebe um número específico de proveniência (PN). Números de proveniência têm uma sequência infinita, dependendo da intensidade dos trabalhos realizados em cada sítio, tendo cada sítio sua sequência própria de PNs.

A utilização de PNs não está restrita à identificação de níveis de escavação. No caso de fragmentos que apresentam características de forma ou decoração particulares, essas peças são coletadas individualmente, recebendo um PN único. O mesmo procedimento é utilizado no caso de coletas de superfície individuais, realizadas com instrumentos de topografia. Em outros casos, quando uma coleta superficial é realizada aleatoriamente em determinada área, pode-se agrupar todo o material proveniente daquela coleta sob um único PN. Números de proveniência são, assim, mecanismos de controle das atividades realizadas em um determinado sítio arqueológico, além de servirem como indicadores de proveniência de artefatos particulares ou de contextos arqueológicos. A sequência de PNs para cada sítio é controlada por uma lista com formulário próprio. Normalmente, tal lista é controlada pela coordenação da escavação.

Finalmente, a terceira escala de resolução é dada pelas unidades de escavação de tamanho variado, mas sempre baseadas em quadrículas de 1 metro quadrado. Normalmente, um local de abertura de escavação é escolhido com base nos resultados obtidos nas tradagens e nas sondagens. Há casos, no entanto, de estruturas diferenciadas, como os montículos, que foram escavadas sem que tradagens ou sondagens tivessem sido previamente abertas. A escavação de unidades requer cuidados adicionais, quando comparada à abertura de sondagens.

Fichas adicionais, de nível de escavação, são utilizadas para que se mantenha o registro das eventuais estruturas ou feições encontradas. Mesmo no caso de ausência de estruturas, a disposição dos artefatos e fragmentos na base de cada nível artificial é sempre registrada, para efeitos de controle da escavação. Durante a escavação, artefatos ou fragmentos com características de forma e decoração diagnósticas – bem como fragmentos de carvão bem preservados e associados a contextos arqueológicos pouco ambíguos – são coletados e registrados individualmente (coordenadas x, y e z).

FIGURA 4 Escavação de montículo funerário da cultura Paredão, no sítio Hatahara. Foto: Val Moraes.

As unidades são sempre escavadas até que se encontre o substrato rochoso ou as camadas estéreis. Esse substrato se apresenta, na região, sob a forma de fragmentos de rocha decomposta, de cor amarelo-avermelhada, conhecidos popularmente como "piçarra". Ao fim da escavação, faz-se um registro detalhado, por fotografia e desenho das faces expostas (ver verso da capa). O desenho é feito em papel milimetrado, depois passado a limpo no laboratório. Após o desenho e a fotografia dos perfis, fragmentos diagnósticos de cerâmica e fragmentos de carvão são coletados com números de proveniência individuais para que sejam enviados aos laboratórios de datação. Todo o material resultante das escavações, sondagens e tradagens é peneirado com malha de 6 milímetros.

No caso das unidades de escavação, preservou-se uma amostra constante do volume de sedimento peneirado para cada nível de 10 centímetros para análises pedológicas, zooarqueológicas e paleobotânicas.

CRITÉRIOS DE CLASSIFICAÇÃO DOS DADOS

O estudo da arqueologia da Amazônia central é importante para a arqueologia das terras baixas da América do Sul por pelo menos duas razões. A primeira diz respeito ao próprio conhecimento dessa área-chave, zona de confluência dos três maiores rios da bacia amazônica: o Amazonas-Solimões, o Negro e o Madeira. A segunda razão é metodológica. A premissa que orienta este trabalho é que o estudo de caso da Amazônia central reafirma a força de alguns princípios teóricos do culturalismo histórico e seus procedimentos metodológicos.

Não cabe aqui reenunciar toda a trajetória do culturalismo histórico. Ela já foi contada e compilada em uma série de manuais e obras editadas (Trigger 1989). A leitura dessas obras tende a apresentar o culturalismo histórico como uma etapa superada no esquema anglocêntrico da história da arqueologia, que tem raízes no evolucionismo do século XIX e desemboca no pós-processualismo contemporâneo. Ainda assim, o culturalismo histórico continua vivo e forte, como uma espécie de paradigma silencioso, em boa parte da arqueologia praticada em países periféricos, como é o caso do Brasil. Talvez isso ocorra porque a arqueologia nesses contextos ainda é exploratória, já que parcelas significativas dos territórios desses países são desconhecidas. Portanto, as preocupações gerais clássicas do culturalismo histórico com variações formais, cronológicas e espaciais em grandes territórios, geralmente explicadas pelo difusionismo, encontram no Brasil terreno fértil para desabrochar.

O problema, no entanto, é que, desde pelo menos a década de 1990, percebe-se que algumas dessas questões clássicas do culturalismo histórico têm sido retomadas com força em alguns dos principais centros internacionais de produção de conhecimento sobre a arqueologia. Dentre essas questões, destaca-se, por exemplo, a correlação entre a cultura material e a expansão de línguas e famílias linguísticas (Renfrew 2000), de complexos agrícolas (Bellwood 2005), da domesticação de animais (Anthony 2007) e da expansão genética (Cavalli-Sforza 2003). Essa retomada representa uma reação aos excessos positivistas da arqueologia neoevolucionista, por um lado, e ao beco sem saída epistemológico do relativismo típico do pensamento pós--moderno, por outro. O que talvez seja mais interessante, no entanto, é que tal movimento sinaliza uma aproximação com a história e um distanciamento da antropologia evolucionista, que tanto influenciou a arqueologia na segunda metade do século XX. Nessa perspectiva equivocada, o foco principal da arqueologia deveria ser o estudo de regularidades subjacentes a processos de caráter universal, como o surgimento do Estado ou as origens da agricultura. O estudo da história, ainda nessa perspectiva, teria um caráter descritivo, associado mais a particularidades e ao conhecimento de eventos específicos, tais como, por exemplo, a independência do Brasil ou a Proclamação da República.

A reaproximação com a história por parte da arqueologia contemporânea é particularmente proveitosa no caso de pesquisas realizadas em contextos de sociedades ágrafas, como ocorre nas terras baixas da América do Sul. Tal reaproximação permite um diálogo direto com a etnologia e a etno-história, particularmente com um tipo de abordagem ora em desuso na antropologia social, que é o de áreas culturais. O embasamento para a formulação original do conceito de áreas culturais provém de uma crítica ao evolucionismo social formulada por Boas e seus seguidores no final do século XIX e início do XX. Na raiz dessa crítica está a constatação de que a diversidade cultural deve ser entendida com base em fatores históricos cuja variabilidade é grande e imprevisível.

Talvez por sua natureza excessivamente esquemática, a abordagem de áreas culturais foi abandonada há muito pela antropologia social, mas é inegável que a etnologia indígena das terras baixas reconhece algumas propriedades inerentes a grupos linguísticos ou áreas geográficas específicos. Assim, é comum a referência a "canibalismo tupi", "acefalia política das sociedades das Guianas", "territorialismo arawak" etc. Do mesmo modo, é inegável a forte correlação entre elementos materiais e algumas sociedades indígenas, tais como o shabono yanomami, as aldeias circulares jê, a maloca tukano, a cerâmica shipibo, entre inúmeros exemplos. Dessa discussão depreende-se que, embora grande, a diversidade cultural dos povos indígenas nas terras baixas da América do Sul não é irrestrita e, o que é mais interessante para a arqueologia, tal diversidade cultural pode ser positivamente correlacionada a padrões no registro arqueológico e não apenas na cultura material. Por distintas razões, explicadas por Hill e Santos-Granero (2002), a antropologia social das terras baixas não se preocupa mais com essas questões. Cabe então à arqueologia a tarefa de ressuscitá-las para a construção de um quadro histórico amplo e de longa duração sobre as sociedades indígenas das terras baixas da América do Sul.

O foco na cultura material e na organização social utilizado na formulação de áreas culturais pela antropologia social permite uma comunicação entre esse campo do conhecimento e a arqueologia (Galvão 1960). Arqueólogas e arqueólogos assumiram a atribuição de, entre outras tarefas, mapear a variabilidade cronológica da cultura material no tempo e no espaço. Como resultado, formularam-se alguns conceitos hoje clássicos na disciplina, como o de "cultura arqueológica". Para a arqueologia do Novo Mundo, tal conceito foi adaptado, ainda na década de 1950, nos trabalhos de Willey e Phillips (1958). Na obra de 1958, já clássica, esses autores formalizaram ou reelaboraram alguns conceitos hoje bem estabelecidos pela arqueologia americana: os de *horizonte, fase* e *tradição*.

A autoria desses conceitos não é de Willey e Phillips. Já no começo do século XX, Max Uhle se referia a *horizontes* para expressar a distribuição, por amplas áreas dos Andes, de padrões comuns na cultura material. Do mesmo modo, conceitos como *foco* e *aspecto* já haviam sido propostos na década de 1940, nos Estados Unidos, com o objetivo de mapear a variabilidade cultural.

O conceito de *fase* na arqueologia brasileira foi introduzido por Meggers e Evans no livro sobre a arqueologia da foz do rio Amazonas (Meggers & Evans 1957: 13), para designar "culturas arqueológicas distintas com uma distribuição geográfica definida e persistência no tempo", com a ressalva de que, naquele contexto, *fase* não teria qualquer conotação etnográfica, porque não havia meios de determinar se cada fase arqueológica da foz do Amazonas corresponderia a um povo específico. Tal perspectiva foi posteriormente modificada e fases passaram a ser vistas como correlatos de comunidades no passado (Meggers 1990; Meggers & Evans 1983).

Com o advento do Programa Nacional de Pesquisas Arqueológicas (Pronapa) nos anos 1960, e a posterior influência por ele exercida nos anos 1970 e 1980, houve na arqueologia brasileira uma explosão de definições de novas fases e tradições. Esse processo gerou uma espécie de intoxicação classificatória, afastando a disciplina de uma necessária renovação teórica. As críticas aos excessos do Pronapa são muitas; elas criaram e continuam alimentando uma crescente literatura, principalmente nos locais do país onde o programa teve atuação mais forte. O exacerbamento dessas críticas levou, porém, a uma doença oposta à intoxicação: a inanição classificatória. Faz-se necessário, portanto, reavaliar a validade heurística dos conceitos de *fase* e *tradição* na arqueologia brasileira. Para tal exame, tomaremos a arqueologia da Amazônia central.

O registro arqueológico da Amazônia central foi interpretado a partir de perspectivas distintas. A primeira linha de interpretações foi proposta por Peter Hilbert e Mário Simões, pioneiros em trabalhos de campo sistemáticos na área, realizados dos anos 1950 aos anos 1970 (Hilbert 1968; Simões 1974). A segunda, que revisa os dados de campo produzidos por Hilbert e Simões, pode ser encontrada nos trabalhos de Donald Lathrap, José Brochado e José Oliver publicados nos anos 1970 e 1980 (Brochado 1984; Lathrap 1970; Lathrap & Oliver 1987). Finalmente, a partir dos anos 1990, outra perspectiva sobre a arqueologia regional se apresenta, de novo com base em dados de campo (Arroyo-Kalin et al. 2009; Heckenberger et al. 1999; Lima et al. 2006; Neves 2008a; Neves & Petersen 2006). Todas essas linhas de interpretação são tributárias de uma combinação de culturalismo histórico com antropologia ecológica, embora com base em diferentes premissas. Enquanto Hilbert e Simões usaram o registro arqueológico da Amazônia central para criar uma proposta de cronologia que indicaria um processo de sucessivas reocupações da região por populações de origens externas, Lathrap, Brochado e Oliver interpretaram esse mesmo registro como um longo e contínuo processo de transformação social e cultural na própria região, sem influências externas. É importante notar que todos esses autores fizeram farto uso dos conceitos de *fase* e *tradição* para embasar suas hipóteses. O que se discutiu, às vezes agressivamente, foi sua articulação histórica, jamais sua existência.

O esquema cronológico da Amazônia central inicialmente proposto por Hilbert era composto de quatro fases cerâmicas que se sucederam na seguinte ordem, da mais antiga para a mais recente: fase Manacapuru, fase Paredão, fase Guarita e fase Itacoatiara. Estas foram definidas com base em diferenças na tecnologia e na decoração dos vasos cerâmicos presentes nos sítios arqueológicos. Hilbert, Simões e todos os outros que tiveram a oportunidade de trabalhar na Amazônia central logo perceberam a complexidade do processo de formação dos sítios nessa região. É muito comum que sejam multicomponenciais, às vezes com quatro ocupações distintas sobrepostas. Se por um lado tal condição facilita a abertura de escavações estratigráficas que permitam a construção de cronologias regionais, por outro, dificulta bastante a interpretação das estratigrafias dos sítios, já que é bastante comum que as ocupações tenham interferido umas nas outras. A esse fator deve-se também acrescentar que a presença ubíqua de terras pretas por muitos sítios da área atrapalha bastante a visualização de feições como manchas de fundo de casas, buracos de estaca etc., o que torna o entendimento dos padrões de organização de espaço nesses sítios um desafio.

Hilbert trabalhou em condições árduas e com poucos recursos, em uma época em que o acesso aos sítios era muito mais problemático do que no presente. Mesmo assim, sua proposta cronológica, baseada em interpretações estratigráficas e poucas datas de carbono 14 – algumas das primeiras realizadas no Brasil – mostrou-se bastante acurada. Três fases propostas por Hilbert – Manacapuru, Paredão e Guarita – resistiram bem à passagem do tempo, a ponto de ser possível afirmar, sem margem a dúvidas, que seus fragmentos e vasos decorados funcionam como excelentes marcadores cronológicos para a arqueologia regional, atuando como verdadeiros fósseis-guias (Lima et al. 2006). Por outro lado, é também cada vez mais evidente que não há uma correlação universal entre essas fases e o uso exclusivo de um atributo tecnológico das cerâmicas, como um tipo de antiplástico[2] (Moraes 2007), embora exista uma tendência à

---

2 Antiplásticos são pequenas partículas adicionadas às argilas antes da queima dos vasos. Na Amazônia, os mais comuns são cascas de árvores

associação entre o caraipé e a fase Guarita e o cauixi e as fases Manacapuru e Paredão. Na Amazônia central, portanto, as fases funcionam de modo extremamente satisfatório como uma maneira de organizar a grande variabilidade formal e tecnológica de cerâmicas identificadas em sítios arqueológicos multicomponenciais que passaram por complexos processos de formação. Não há razão para abandoná-las. Cabe, no entanto, verificar se à variabilidade formal e tecnológica das fases correspondem também variações significativas em outros aspectos, como padrões de assentamento, tamanho e forma das ocupações.

A arqueologia brasileira contemporânea costuma responsabilizar o Pronapa por quase todos os males que a afligem. O principal alvo dessa crítica, em essência procedente, tem sido a fixação tipológica com a classificação de fases e tradições arqueológicas como um fim em si mesmo, em vez da visão de tais recursos como hipóteses classificatórias a serviço de uma tarefa mais interessante: a explicação da história antiga por meio do estudo do registro arqueológico. É provável, no entanto, que a grande "herança maldita" do Pronapa subsista, insidiosa e silenciosamente, sem nos darmos conta: ela está presente no foco – ainda hegemônico – na cultura material como o único suporte de interpretação do passado. É inegável que o estudo da cultura material está no cerne da arqueologia, mas por si só tal foco corre o risco de se tornar redundante, se não for acompanhado pelo entendimento do contexto no qual se inserem os objetos. Então por que o protagonismo dos objetos subsiste no Brasil? Talvez pelo fato de a crítica à arqueologia pronapiana ter sido construída nos mesmos moldes em que tal arqueologia se edificou, ou seja, voltada apenas para o estudo da cultura ma-

---

(caripés), esponjas de água doce (cauixi), fragmentos de cacos cerâmicos, areia e carvão. Para alguns autores, a presença de tais elementos na argila poderia ser um indicador da antiguidade dos vasos.

terial e sua variabilidade. Não se consolidou ainda no país uma arqueologia de fato contextual que confira a mesma importância aos ecofatos como aos artefatos. A exceção notável vem das pesquisas com sambaquis, mas nesses casos a própria matriz dos sítios demanda uma abordagem que privilegia, por exemplo, as análises de fauna. Por tal razão, estamos apenas começando a construir uma verdadeira arqueologia da paisagem.

Procurarei mostrar aqui que os dados da Amazônia central são importantes porque indicam quão robustas podem ser as fases arqueológicas quando são usadas como ponto de partida para organizar a variabilidade cultural, social, demográfica e política prevalecente na região entre os séculos IV AEC e XVI EC. Tais dados permitem também o estabelecimento de um diálogo entre a arqueologia e a etnologia indígena. Nem sempre harmônica e às vezes até conflituosa, essa conversa parte da premissa de que a variabilidade cultural na Amazônia indígena, embora grande, é limitada, e, mais importante, se manifesta de maneira regular no tempo e no espaço no registro arqueológico. Essas regularidades trazem os fundamentos para a elaboração de uma história indígena de longa duração construída a partir da arqueologia. Trata-se de uma tarefa que acabou de se iniciar, apesar de uma tradição de pesquisas de mais de cinquenta anos, mas cujos resultados podem ser promissores.

CAPÍTULO 2

O COMEÇO: AS PRIMEIRAS EVIDÊNCIAS DA PRESENÇA INDÍGENA

A presença humana na Amazônia é tão antiga quanto em outras áreas da América do Sul, pelo menos no que se refere à época de transição entre o Pleistoceno e o Holoceno, ao redor de 12 mil anos atrás. Essas evidências são importantes porque mostram que não houve impedimentos à ocupação da floresta tropical por grupos que não praticavam agricultura, ao contrário do proposto por antropólogos como Bailey e Headland nos anos 1980 (Headland & Bailey 1991). Para esses autores, que realizaram pesquisas etnográficas entre grupos caçadores-coletores na África e na Ásia equatoriais, tais populações não conseguiam manter sua economia produtiva sem o aporte de carboidratos resultantes do consumo de tubérculos domesticados e cultivados por populações agricultoras, com as quais trocavam produtos da floresta. Tal hipótese foi posteriormente explorada por Clive Gamble (1993), que postulou que as áreas de florestas tropicais teriam sido alguns dos últimos hábitats de *Homo sapiens* em seu processo de expansão pelo planeta a partir da África. De fato, se a hipótese de Bailey e Headland estiver correta, as florestas tropicais úmidas só teriam sido habitadas pela nossa espécie após o advento da agricultura, na transição Pleistoceno-Holoceno.

No final da década de 1960 – alguns anos antes de Bailey e Headland –, Donald Lathrap (1968) ofereceu uma hipótese semelhante em um capítulo escrito para o clássico livro *Man the Hunter*. Nesse trabalho, Lathrap propôs, de maneira inovadora para a época, que nas áreas tropicais úmidas do Novo Mundo as ocupações do tipo caçador-coletor teriam sido posteriores às de grupos agricultores. A ideia de Lathrap era criativa porque contrariava o pensamento evolucionista social típico da arqueologia norte-americana do período, que trabalhava com a premissa de que sociedades agricultoras deveriam sempre suceder sociedades caçadoras-coletoras na cadeia evolutiva, e não vice-versa. O raciocínio de Lathrap partiu dos mesmos pressupostos que orientavam seu "modelo cardíaco": ocupações de grupos agricultores bem-adaptados às áreas de várzea passariam por crescimento demográfico, pressão populacional e consequente expulsão de alguns grupos dessas áreas, levando à colonização, por essas populações expulsas, de áreas de terra firme, onde acabariam por adotar modos de vida de caçadores-coletores nômades, devido à pobreza dos solos e à escassez da proteína animal aquática típica das planícies aluviais dos grandes rios amazônicos. Os dados arqueológicos produzidos nos últimos vinte anos mostram que a hipótese não se sustenta, já que algumas evidências mais antigas de presença humana na Amazônia vêm de áreas distantes dos grandes rios de água branca, como a serra dos Carajás (Magalhães 1994). Os sítios arqueológicos mais antigos de Carajás têm cerca de 10 mil anos, uma época na qual certamente não havia pressão demográfica nas várzeas. Ao contrário, os dados disponíveis parecem indicar que diferentes biomas na Amazônia, incluindo áreas ribeirinhas e áreas distantes dos grandes rios, foram ocupados mais ou menos a partir da mesma época.

Essa discussão é enriquecida pelos resultados de pesquisas etnográficas ou etnoarqueológicas, realizadas entre grupos caçadores-coletores contemporâneos da Amazônia. As pesquisas de Politis (1996) entre os Nukak da Amazônia colombiana sugerem a possibilidade de ocupações bem-sucedidas em áreas de terra firme na floresta tropical por grupos caçadores-coletores, apesar de esses grupos consumirem também uma pequena parcela de produtos agrícolas, como a mandioca, obtida na troca com grupos ribeirinhos. Em trabalhos realizados com outros grupos, como os Awá, da Amazônia maranhense, Politis mostra que há uma grande variabilidade adaptativa entre os grupos caçadores-coletores amazônicos. Assim, enquanto os Nukak utilizam a zarabatana como instrumento de caça de animais que vivem nas copas das árvores, por exemplo, os Awá são exímios fabricantes de flechas, que usam para caçar também animais terrestres. Não existe, portanto, uma única forma de adaptação caçadora-coletora aos biomas da Amazônia, o que de qualquer modo é esperado no grande quadro de diversidade biológica da região.

Os trabalhos etnográficos entre caçadores-coletores trazem implicações teóricas ainda mais importantes, porque mostram que a alternância entre modos de vida caçadores-coletores e agricultores seja talvez mais comum que o normalmente considerado. A etnografia de Carlos Fausto (2001), por exemplo, entre os Parakanã, um grupo tupi-guarani do leste do Pará, traz informações preciosas sobre as alternâncias, ao longo do último século, entre modos de vida com ênfase maior na caça e coleta ou na agricultura entre duas populações desse grupo que se separaram em algum momento no fim do século XIX. Do trabalho de Fausto se percebe que as tomadas de decisão subjacentes a essas mudanças foram baseadas menos em critérios econômicos ou adaptativos do que em critérios políticos. A alternância não é característica exclusiva dos Parakanã: outros grupos tupi-guarani, como os Awá (Guajá), Sirionó, Xetá, Guayakí (Aché), que atualmente têm modos de vida caçadores-coletores, no passado tinham economias mais agricultoras. Esses processos de mudança são às vezes tratados na literatura como regressões (Balée 1994), mas seria mais preciso vê-los como alternâncias baseadas em tomadas de decisão entre diferentes estratégias econômicas. É provável que tais alternâncias tenham sido bastante comuns também no passado da Amazônia, onde, conforme se discutirá adiante, parece ter havido um grande intervalo cronológico entre o início do processo de domesticação de plantas e a adoção da agricultura como principal atividade produtiva na região. Parece, de fato, cada vez mais evidente que, sob a perspectiva econômica, não é possível enquadrar as sociedades amazônicas antigas em categorias fechadas ou mutuamente exclusivas, como "caçadores-coletores" ou "agricultores", já que, aparentemente, estratégias baseadas na diversificação parecem ter sido próprias dos modos de vida da região desde o começo.

AS EVIDÊNCIAS DE OCUPAÇÃO NA TRANSIÇÃO PLEISTOCENO-HOLOCENO NA AMAZÔNIA

É plausível que a ocupação humana da Amazônia tenha se iniciado ainda no fim do Pleistoceno. Pesquisas realizadas por Miller nos anos 1970, no Abrigo do Sol, na região do rio Galera, noroeste do Mato Grosso, produziram datas que chegam até 14 mil anos AEC (Miller 1983). Tadeu Veiga, um geólogo que trabalhou na região do Pitinga, norte do Amazonas, nos anos 1980, identificou blocos de rocha com marcas de polimento enterrados sob sedimentos do fim do Pleistoceno, o que indicaria que as atividades de polimento teriam sido ainda mais antigas. Na bacia do alto Paraguai, não tão distante dos formadores do alto Guaporé, a escavação do sítio Santa Elina revelou camadas datadas de mais de 20 mil anos associadas a osteodermes com sinais de modificação humana (Vialou et al. 2017).

No centro da bacia amazônica, as evidências mais antigas vêm da caverna da Pedra Pintada, com datas que chegam a 11200 anos AP [Antes do Presente] (Roosevelt et al. 1996; Shock & Moraes 2019). Localizada em Monte Alegre, na margem esquerda do rio Amazonas, a jusante de Santarém, a região da serra da Paituna, onde se encontram Pedra Pintada e outras grutas, já havia sido visitada no século XIX por cientistas como Alfred Wallace, Henry Bates e Charles Hartt, este último o fundador do Serviço Geológico do Império. De posse dos manuscritos de Hartt, mantidos no Museu Peabody, da Universidade Harvard, Anna Roosevelt (Roosevelt et al. 1996) inferiu a potencial importância das cavernas de Monte Alegre, que têm em suas paredes inúmeras pinturas, e ali realizaram escavações no início dos anos 1990.

FIGURA 5 Pinturas rupestres na gruta da Pedra Pintada. Foto: Maurício de Paiva.

Os resultados das escavações em Pedra Pintada têm uma importância também cronológica: as mais de cinquenta datas radiocarbônicas mostram que a caverna já era habitada há mais de 11 mil anos (Ibid.). As escavações de Pedra Pintada mostraram também o que parece ser a mais antiga camada de solos antrópicos, ou terras pretas, da Amazônia, conforme se pode ver no perfil publicado no artigo de Roosevelt (Ibid.), indicando a formação desse tipo de solo no período de transição Pleistoceno-Holoceno. A existência de terras pretas no depósito indica que a habitação da caverna foi mais que sazonal, ao menos nos contextos antigos, o que é plenamente compreensível pela localização do sítio, em uma área que permite acesso aos recursos da várzea do Amazonas e às áreas de cerrado e floresta da terra firme circundante.

É provável, no entanto, que os dados mais interessantes produzidos pelas escavações em Pedra Pintada tenham a ver com os restos botânicos e faunísticos recuperados, pois eles indicam, ainda no início da habitação da caverna, estratégias econômicas baseadas na exploração de um amplo leque de recursos, incluindo plantas, mamíferos de pequeno porte e peixes (Roosevelt et al. 2002). Tais resultados são importantes porque mostram que, desde o início, as formas de utilização e manejo de recursos na Amazônia foram caracterizadas pela diversificação, e não pela exploração exaustiva de poucos recursos. De fato, quando se considera o quadro da presença indígena inicial da América do Sul, fica cada vez mais evidente que não houve uma estratégia econômica única que distinguiu os modos de vida dos primeiros habitantes do continente (Dillehay 2008), o que joga por terra as hipóteses de que esses paleoindígenas teriam sido caçadores especializados na captura de megafauna, os grandes mamíferos que desapareceram no fim da era do gelo. Pesquisas recentes na própria caverna da Pedra Pintada (Shock & Moraes 2019), na Amazônia boliviana (Lombardo et al. 2020) e no sítio Teotônio, no alto rio Madeira (Watling et al. 2018), mostram que, desde o início, os povos indígenas da Amazônia se engajaram em atividades de cultivo de diversas plantas, muitas delas consumidas ainda hoje, como a mandioca e a castanha, iniciando práticas de produção de agrobiodiversidade sustentadas até o presente.

Os vestígios de objetos de pedra lascada das ocupações mais antigas na caverna da Pedra Pintada têm a presença de pontas de projéteis inacabadas ou fragmentadas e lascas de pedra que apontam a existência de indústrias de pontas bifaciais. Talvez por isso Roosevelt (Roosevelt et al. 2002) tenha proposto que os primeiros habitantes da Amazônia teriam sido produtores especializados de pontas de projétil bifaciais. É interessante notar, no entanto, que nenhuma ponta inteira foi recuperada nas escavações de Pedra Pintada. De fato, a ponta inteira que ilustra a capa da edição da revista *Science* na qual se publicou o artigo sobre as escavações foi coletada sem proveniência definida por um missionário em uma comunidade do rio Tapajós e posteriormente doada ao acervo do Museu Paraense Emílio Goeldi.

Um exame das evidências disponíveis sobre as indústrias líticas da transição do Pleistoceno-Holoceno ou do início do Holoceno para a Amazônia mostra que a padronização tecnológica proposta por Roosevelt não ocorreu. Em Araracuara, no rio Caquetá, na Amazônia colombiana, os artefatos líticos datados de cerca de 9200 AP foram produzidos por uma tecnologia que privilegiou a fabricação de lascas simples, e não retocadas, sem artefatos bifaciais (Mora 2003). Em Cerro Azul, também na Colômbia, há objetos de pedra lascada, mas não há pontas (Morcote-Ríos et al. 2021). Na região da serra dos Carajás, na extremidade oposta da Amazônia, o que se verifica, em períodos um pouco posteriores, ao redor de 8600 AEC (Magalhães et al. 2019), foi também a produção de lascas unifaciais, dessa vez pelo lascamento bipolar de núcleos de quartzo hialino. Na região do alto Madeira, as indústrias líticas do início do Holoceno também não têm pontas: depósitos datados de cerca de 8500 anos na cachoeira de Santo Antônio, a montante de Porto Velho, se distinguem pela presença de lascas e artefatos unifaciais sem vestígios de pontas de projétil (Mongeló 2019; Miller et al. 1992). Parece evidente, a esta altura, que não houve um único padrão tecnológico na produção de artefatos líticos lascados entre os primeiros ocupantes da Amazônia. Desde pelo menos o início do Holoceno, percebe-se o desenvolvimento de indústrias regionais, com tecnologias distintas, mas ao que tudo indica expeditas, sem uma aparente preocupação com a produção de artefatos padronizados, sejam eles bi ou unifaciais.

Nesse quadro de diversidade tecnológica e cultural, as primeiras evidências de ocupação humana na Amazônia central se caracterizam pela produção de artefatos bifaciais lascados encontrados no sítio Dona Stella. Ao contrário de Pedra Pintada e de outras regiões, como Castelo dos Sonhos, no sul do Pará, ou das savanas de Sipaliwini, no sul da Guiana, as pontas identificadas ali foram encontradas em contexto arqueológico, isto é, claramente associadas a outros objetos e estruturas que permitissem o estabelecimento de sua antiguidade.

O SÍTIO DONA STELLA: CONTEXTO CRONOLÓGICO E PROCESSO DE FORMAÇÃO

Na Amazônia central, as evidências mais antigas de ocupação humana disponíveis no momento vêm do sítio Dona Stella, identificado em 2001 e escavado em sucessivas etapas em 2002, 2004 e 2006 (Costa 2009; Neves et al. 2003).

Dona Stella é um sítio a céu aberto situado em uma área de campinarana às margens de um igaparé que drena para o rio Negro. Trata-se de um sítio de terra firme, estabelecido no centro da mesopotâmia formada pelos rios Negro e Solimões. O sítio foi identificado graças a Levemilson Mendonça, que conhecia a área por ter participado, nos anos 1990, do censo rural de Iranduba e recordar ter visto, na superfície exposta, fragmentos de rocha aparentemente atípicos no terreno. O sítio está situado em uma fazenda homônima, na planície aluvial da margem direita de um igarapé barrado para a construção de um açude. Para compor uma praia artificial para o açude foi retirada uma capa de areia de cerca de 100 centímetros de espessura que recobria as camadas arqueológicas. Essa operação acabou expondo tais camadas, e com elas uma significativa quantidade de vestígios líticos e lascados.

A retirada de areia expôs também perfis nos cortes de barranco, que permitiam uma visualização da estratigrafia do sítio.

Nesses perfis, é notável uma sequência que inclui, da base para o topo, as seguintes camadas: 1) embasamento rochoso formado por arenito bastante erodido, 2) camadas pouco espessas (cerca de 10 centímetros) de areia fina e branca recobrindo o embasamento, com materiais arqueológicos; 3) camadas com espessura chegando a 30 centímetros de areia preta e úmida, também com materiais arqueológicos; 4) camadas bastante espessas (100 centímetros ou mais) de areia fina e branca com poucos materiais arqueológicos.

A análise preliminar dos perfis, feita na etapa de campo de 2002, sugeriu que as camadas de areia escura soterradas pelas camadas espessas de areia clara poderiam ser paleossolos soterrados de maneira rápida por repetidas cheias do igarapé. Segundo essa interpretação, os materiais arqueológicos presentes em tais camadas escuras enterradas seriam um testemunho da ocupação antiga do sítio, associados ao paleossolo.

Essa hipótese, se confirmada, teria sido maravilhosa, pois paleossolos são bastante raros em contextos arqueológicos, sobretudo em ocupações aparentemente tão antigas quanto aquelas. Tais tipos de solos, quando bem estudados, são verdadeiras minas de informação sobre as condições ambientais à época da habitação dos sítios. Isso porque paleossolos, como o próprio nome sugere, são solos que foram rapidamente enterrados por algum evento catastrófico – uma inundação ou desmoronamento, por exemplo –, o que leva à preservação de materiais orgânicos que permitem a reconstituição do contexto paleoambiental da época em que se formaram. Pode-se, assim, pensar em paleossolos como solos fossilizados, registros quase fotográficos do passado.

Um exame mais detalhado da estratigrafia feito com o auxílio da geologia, gemorfologia e pedologia mostrou, no entanto, que a interpretação original não era a mais correta. De fato, essas camadas escuras, os supostos paleossolos, são um exemplo dos chamados horizontes espódicos, comuns nos solos arenosos da bacia do rio Negro.

Em ambientes de solos arenosos, ácidos e de relativamente pouca produtividade primária e, portanto, oligotróficos, como é o caso da bacia do rio Negro, é comum as árvores e arbustos terem um porte menor, formando florestas conhecidas como campinaranas, e desenvolverem em suas folhas e cascas uma série de compostos químicos ricos em ácidos tânicos, tornando--as amargas, o que funciona como mecanismo de defesa contra a predação. As águas das chuvas abundantes da região lavam essa matéria orgânica, depositada no chão das florestas sob a forma de serapilheira, diluindo no processo parte desses ácidos tânicos. Essa água tinta, por sua vez, penetra o solo arenoso, que é poroso, até a base rochosa ou o lençol freático, manchando de escuro a areia branca. Tais camadas manchadas são os horizontes espódicos. Continuando o seu ciclo, a água enegrecida é carregada através do lençol freático até as nascentes ou olhos--d'água, onde formará os igarapés de água preta.

Do ponto de vista da história de formação dos depósitos arqueológicos (tafonomia), portanto, os perfis estratigráficos do sítio Dona Stella revelam um interessante processo de inversão em que uma das camadas enterradas – o horizonte espódico, escuro – é de formação mais recente que aquelas que a sobrepõem. Em poucas palavras, o processo de formação das camadas pode ser assim reconstituído, de baixo para cima: 1) formação de solos arenosos, resultantes da decomposição do embasamento rochoso do arenito, juntamente com a deposição aluvial, feita pela água, e coluvial, realizada pela força da gravidade, encosta abaixo, das areias; 2) ocupação humana do sítio sobre essa camada arenosa, cerca de 100 centímetros abaixo da superfície atual do terreno; 3) abandono do sítio; 4) deposição, pela água e pela força da gravidade, de uma espessa camada arenosa recobrindo os materiais de pedra lascada das ocupações antigas; 5) estabilização de condições semelhantes às atuais do terreno, com colonização por vegetação típica de campinarana; 6) processo de formação do horizonte espódico através da percolação pela areia porosa da água tingida de negro pelas folhas caídas na superfície. No sítio Dona Stella, o horizonte espódico se confunde com as camadas arqueológicas, mas, embora estejam estratigraficamente relacionados, na mesma profundidade, não há entre eles qualquer relação cronológica na ocupação do sítio.

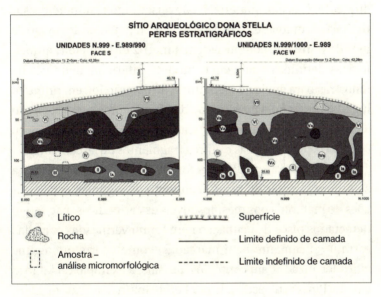

FIGURA 6 Perfil estratigráfico de escavação no sítio Dona Stella. As camadas claras correspondem a depósitos de areia, e as escuras, aos horizontes espódicos e ao embasamento rochoso. Desenho: Marcos Brito.

O complexo processo de formação do sítio coloca problemas para a datação das camadas de ocupação humana. O principal deles diz respeito à origem dos carvões datados: é importante que se estabeleça que, ao contrário do processo de percolação de água que resulta na formação dos horizontes espódicos, esses carvões se encontram *in situ*, ou seja, depositados nos locais onde foram originalmente utilizados, assegurando um contexto datável de associação entre artefatos e ecofatos. Por outro lado, os carvões identificados nas escavações eram fragmentados, de dimensões reduzidas e oriundos de troncos, e não de sementes – que são materiais potencialmente melhores para datação. Finalmente, não se identificaram fogueiras, feições ou outras estruturas bem delimitadas de combustão, outro fator que dificultou o estabelecimento de associações seguras entre as camadas arqueológicas e os materiais datáveis. Como resultado dessas limitações, optou-se, para datação, por fragmentos de carvão de grande porte que compusessem a matriz das camadas arqueológicas definidas ainda em campo. O critério de definição de amostras para envio ao laboratório de datação foi, em primeiro lugar, o tamanho e integridade dos fragmentos e, em segundo, a proximidade a alguma concentração de artefatos inteiros ou concentrações de lascas e outros fragmentos de lascamento.

As camadas arqueológicas foram identificadas de maneira arbitrária. Apesar do reconhecimento de algumas concentrações de materiais nos mesmos níveis estratigráficos, não foram detectados pisos de ocupação nem foram verificadas camadas estratigraficamente bem marcadas, como ocorre em alguns sítios localizados em contextos aluviais, a exemplo do famoso caso de Pincevent, escavado por Leroi-Gourhan no vale do Loire. Tais dificuldades de visualização provavelmente refletem a história do sítio, que deve ter sido um acampamento habitado sucessiva e repetidamente ao longo dos anos por uma população pouco numerosa. Assim, embora a camada arqueológica possa representar diferentes acampamentos, ela foi estudada, para os efeitos de interpretação, como se representasse um único evento, hipótese corroborada pela análise das indústrias líticas.

A datação das amostras de carvão mostra que o sítio foi ocupado no Holoceno Inicial, ao redor de 6500 AEC. Apesar das dificuldades de estabelecimento de um contexto seguro de associação dos carvões, análises geoquímicas e de micromorfologia de solo trouxeram resultados interessantes, indicando pouca atividade de migração vertical dos carvões pela estratigrafia e concentrações um pouco mais elevadas de fosfato, provavelmente de origem antrópica, na camada arqueológica. Tais dados apoiam a hipótese de que a camada arqueológica corresponde à associação, no mesmo contexto, de carvões e objetos de pedra lascadas.

As amostras de carvão foram datadas por carbono 14. A ausência de inversões e incoerências entre as profundidades das amostras e os resultados das datações indica que o contexto datado é pouco perturbado. O ótimo estado de preservação de alguns dos artefatos recuperados, sem fragmentações, revela que foi encontrada *in situ*. Finalmente, os estudos do material lítico mostram que há uma indústria de materiais lascados bifaciais depositada *in situ* na camada de areia escura (Costa 2009). Assim, pode-se dizer que os resultados obtidos datam essa camada em cerca de 6500 anos AEC.

Finalmente, a análise química de amostras de solo coletadas de um perfil feito em corte de barranco, realizada por Manuel Arroyo-Kalin (2008), mostrou valores altos de fosfatos totais em níveis enterrados que correspondem à camada onde os materiais líticos foram encontrados (150-195 centímetros), o que confirma a hipótese de que, embora não tenham sido clássicos pisos de ocupação, tais níveis correspondem a camadas arqueológicas, uma vez que valores altos de deposição de fosfatos são interpretados como resultantes da atividade humana.

AS PONTAS E SEUS SIGNIFICADOS

O material lítico escavado no sítio Dona Stella se destaca por uma indústria de artefatos bifaciais a partir de matérias-primas exóticas. As escavações e coletas permitiram a recuperação de uma ponta bifacial inteira, a primeira localizada *in situ* em um sítio amazônico (Figura 7), de algumas pontas fragmentadas e de uma grande quantidade de lascas que remetem à produção de artefatos bifaciais (Costa 2009).

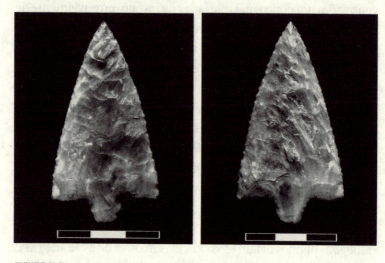

FIGURA 7 Ponta de projétil bifacial, c. 6500 AEC, sítio Dona Stella. Foto: Wagner Souza e Silva.

A matéria-prima utilizada na produção da ponta foi um tipo de rocha incomum na região de Iranduba, cujos afloramentos mais próximos conhecidos se localizam na região de Presidente Figueiredo, 190 quilômetros ao norte de Manaus. A técnica de produção incluiu percussão direta e pressão. O acabamento refinado da ponta, a simetria nos retoques e a pouca espessura relativa indicam que ela foi confeccionada com grande conhecimento técnico. Em ambas as faces do pedúnculo há um acanalado formado por uma retirada por pressão. O ótimo estado de conservação da ponta e a ausência de evidências de desgastes no gume, ou mesmo de qualquer tipo de fragmentação, podem até sugerir que ela não fosse um instrumento de caça, mas tivesse a função, por exemplo, de objeto de status.

Talvez devido à baixa frequência das pesquisas, quando comparada à de outras regiões do continente, indústrias de pontas bifaciais são relativamente raras na Amazônia. A quantidade de pontas até hoje coletadas não passa de poucas dezenas. Destas, a totalidade foi coletada por missionários, garimpeiros ou crianças, sem, portanto, qualquer informação contextual.

O quadro amazônico contrasta com o de outras áreas da América do Sul ou da América Central, como o istmo panamenho, os desertos áridos da costa norte do Peru, onde floresceu a cultura Paiján, ou o Planalto Meridional do Brasil, com a tradição Umbu, e a Patagônia. Nesses locais, indústrias com pontas foram comuns no início do Holoceno, e em alguns sítios, como o sambaqui fluvial de Capelinha, no vale do Ribeira, em São Paulo, a quantidade de pontas recuperadas em escavações de poços-teste chegou a mais de uma centena.

A presença de uma indústria lítica de pontas bifaciais torna Dona Stella um sítio muito importante no contexto das ocupações do início do Holoceno na Amazônia. Um exame das indústrias líticas aponta para outro padrão, também interessante: apesar de o arenito disponível no próprio local do sítio ter sido utilizado como matéria-prima para a produção de alguns artefatos, a matéria-prima da ponta, dos fragmentos de pontas e de muitas lascas não é de proveniência local (Ibid.). A abundância de lascas de pequeno porte, a presença de pré-formas ou artefatos inacabados e a ausência de blocos volumosos de rocha exótica indicam que o trabalho de lascamento inicial dos artefatos ocorria provavelmente junto aos afloramentos e que no sítio se realizavam as atividades de confecção final, acabamento e reavivagem dos artefatos (Ibid.). Além das pontas bifaciais, foram também identificados artefatos plano-convexos, produzidos tanto em arenito silicificado de origem local como em matérias-primas exóticas.

Trata-se de material composto de silexitos e outras rochas mais aptas ao lascamento que o arenito local, que é bastante friável, quebradiço. Na ausência de análises petrográficas e de proveniência, um exame no local das rochas indicou que os afloramentos de onde provêm devem estar localizados nos contrafortes do Escudo das Guianas, cerca de 200 quilômetros ao norte do sítio.

Matérias-primas exóticas encontradas no local indicam a mobilidade dos grupos que ocuparam o sítio. O caso das indústrias de Dona Stella é interessante porque, se as rochas de fato percorrem uma grande distância, tal mobilidade se inscreveu em uma paisagem de florestas altas, campinaranas – a provável composição das matas da região à época – e rios encachoeirados, como é o caso dos afluentes da margem norte do Amazonas e do rio Negro que drenam do planalto das Guianas, como os rios Branco, Jauaperi, Uatumã, Urubu, Jatapu etc. Não há até o momento na Amazônia evidências de canoas ou outros tipos de embarcações datadas da transição Pleistoceno-Holoceno, mas é plausível que essa tecnologia já estivesse de alguma forma disponível para os primeiros habitantes da região. De qualquer modo, mesmo com o uso de canoas, a exploração dos afloramentos implicava a identificação e o mapeamento de áreas de terra firme, igarapés de pequeno porte ou locais junto a corredeiras ou cachoeiras, nem sempre acessíveis à navegação. Por outro lado, a breve revisão aqui apresentada mostra como algumas das evidências mais antigas de presença indígena na Amazônia vêm de áreas de terra firme, como a serra dos Carajás ou o alto Guaporé, indicando desde o início uma preferência indistinta pela ocupação de áreas ribeirinhas ou de terra firme. A própria escolha do local do sítio Dona Stella pode, nesse sentido, ser elucidativa, já que, apesar de habitar em uma mesopotâmia entre dois dos maiores rios do mundo, os antigos habitantes optaram por ocupar as margens de um pequeno igarapé – ou ao menos nelas passar parte do tempo – e não locais junto aos grandes rios.

É desnecessário ressaltar que o quadro que aqui se apresenta é parcial, já que sítios antigos junto às planícies aluviais dos rios Negro, Solimões ou Amazonas não foram ainda identificadas. É também perfeitamente plausível – quase uma obviedade – que esses antigos habitantes tivessem um sistema de assentamento que incluísse estadias de variadas durações nessas planícies aluviais, principalmente no verão, com os níveis dos rios mais baixos, os igapós secos e as praias aflorando, um contexto propício à pesca, à captura de mamíferos, como o peixe-boi, e à coleta de recursos valiosos, como ovos de tracajá enterrados na areia. Quem conhece as praias do rio Negro consegue entender que seria praticamente impossível que esses lugares não fossem ao menos sazonalmente ocupados. De qualquer modo, a localização do sítio Dona Stella mostra que, no início do Holoceno, locais de terra firme também eram habitados, mesmo em áreas próximas a grandes rios.

Apesar de ainda incipientes, as pesquisas realizadas com ocupações do início do Holoceno na região de Manaus mostram um padrão que correlaciona tais ocupações ou sítios a matas de campinarana. Em Manaus, próximo ao igarapé Tarumã-açu, pesquisas de arqueologia preventiva à construção de loteamentos identificaram vários sítios ou ocorrências dessa natureza, às vezes enterrados sob espessas camadas arenosas, às vezes aflorando em antigos locais de extração de areia. Tais sítios, de delimitação difícil e ainda sem datação precisa, têm indústrias bifaciais muito parecidas às de Dona Stella (Py-Daniel et al. 2011). Em Iranduba, os levantamentos regionais mostraram também alguma correlação entre sítios com indústrias bifaciais e áreas de areais. Não se sabe até o momento se tais correlações resultam do fato de esses locais terem maior visibilidade arqueológica, já que areais são cobertos por campinaranas, que têm vegetação mais esparsa, ou se refletem uma escolha preferencial por esses locais por parte desses antigos habitantes.

ESBOÇO DE UMA ARQUEOLOGIA COMPARATIVA DO ARCAICO NOS NEOTRÓPICOS

As datas obtidas para o sítio Dona Stella não são necessariamente surpreendentes. Há sítios arqueológicos com materiais líticos e idades comparáveis, em alguns casos até mais antigos, em diferentes partes da bacia amazônica: baixo Amazonas (Roosevelt et al. 1996), serra dos Carajás (Magalhães 1994), rio Jamari (Miller et al. 1992) e rio Caquetá (Gnecco & Mora 1997). O surpreendente, no entanto, é que contextos com pontas de projétil tenham sido datados do Holoceno Inicial, uma vez que, na literatura, pontas de projétil bifaciais têm sido utilizadas como fósseis-guias para sítios paleoindígenas do final do Pleistoceno. Pontas de projétil são artefatos incomuns e pouco conhecidos na arqueologia Amazônica (Hilbert 1998; Meggers & Miller 2003; Roosevelt et al. 2002). Ao contrário do sul do Brasil, onde pontas de projétil são abundantes em contextos ligados à tradição Umbu, na Amazônia são poucas as pontas publicadas até o momento, do mesmo modo que seu contexto de origem é, na maioria dos casos, incerto ou bastante vago. Meggers e Miller (2003: 296), por exemplo, apresentam um mapa com onze pontas e localidades onde pontas foram encontradas para toda a bacia amazônica e as Guianas. O levantamento de Roosevelt e associados (2002: 191) apresenta sete pontas para o médio e baixo Amazonas. O levantamento de Hilbert (1998) traz nove pontas em dois outros locais. A maioria delas pertence a colecionadores ou foi doada a museus por indivíduos que as encontraram fortuitamente. Devido ao contexto incerto e por não terem sido localizadas em escavações estratigráficas, nenhuma foi datada. Por essas razões, as datas das pontas bifaciais do sítio Dona Stella levarão à reconsideração da antiguidade desse tipo de artefato na arqueologia da Amazônia e do norte da América do Sul

A exceção vem da caverna da Pedra Pintada, em Monte Alegre. Nesse local, as escavações realizadas por Roosevelt identificaram 24 artefatos líticos de calcedônia e quartzo, com lascamento bifacial ou unifacial, escavados em camadas datadas entre 9200 e 8000 AEC (Roosevelt et al. 2002: 196). Nenhuma das peças, no entanto, é uma ponta inteira; trata-se de fragmentos ou pré-formas, conforme se percebe pelos desenhos publicados (Ibid.: 197). Assim, o sítio Dona Stella pode constituir o primeiro caso de datação do contexto arqueológico de uma ponta não fragmentada na Amazônia.

Finalmente, a ocorrência de uma ponta de projétil em um contexto datado de 6500 AEC apresenta um quadro diferente daquele do Orinoco, onde esses artefatos parecem ser mais recentes. Se tomados em conjunto, os três únicos sítios dessa região onde foram datados contextos contendo pontas de projétil (Pedra Pintada no baixo Amazonas, Dona Stella no médio Amazonas e Culebra no médio Orinoco) mostram que esses artefatos foram produzidos desde o fim do Pleistoceno até o Holoceno Médio. Por outro lado, em outros sítios do início do Holoceno na bacia amazônica, datados entre 8000 e 5000 AEC, localizados no alto rio Madeira (Miller et al. 1992: 36; Mongeló 2020), Peña Roja, no médio Caquetá, Colômbia (Gnecco & Mora 1997), e na serra dos Carajás, bacia do baixo Tocantins (Magalhães 1994), não foram encontradas pontas de projétil bifaciais. É notável, portanto, uma grande diversidade cultural expressa pela produção de diferentes tipos de artefatos de pedra lascadas, desde o início da história indígena da região.

OS FALSOS ARCAÍSMOS E AS AMBIGUIDADES DAS TIPOLOGIAS EVOLUTIVAS NA AMAZÔNIA ANTIGA

A América do Sul foi o último continente do planeta a ser ocupado por *Homo sapiens*. Ao longo de milênios, o continente permaneceu relativamente isolado, até o início da colonização europeia, no começo do século XVI EC. Por essa razão, quaisquer processos de mudança ou de estabilidade verificados em diferentes partes do continente resultaram de fatores puramente locais – "locais", aqui, definidos em uma escala continental.

Trata-se de um quadro essencialmente diferente, por exemplo, daquele dos continentes europeu e asiático, onde há abundantes evidências de que processos de expansão demográfica transcontinentais teriam sido responsáveis pela introdução de inovações como a agricultura ou mesmo o Estado. O isolamento geográfico da América do Sul é ainda mais interessante quando se considera o quadro de diversidade social, cultural, econômica e política presente no continente à época do início da colonização europeia, constituído por populações que descendiam de um único ou de poucos grupos humanos fundadores. É por isso que, para a arqueologia, é possível tratar a América do Sul como uma espécie de laboratório: foi o último continente a ser ocupado no planeta, por uma população fundadora pequena, mas que, ao cabo de alguns milênios, exibia todo o quadro de diversidade social e política característico da humanidade. Essa história se desenvolveu em um contexto de isolamento de outros continentes, ou seja, apenas variáveis locais atuaram em sua constituição. Isso não aconteceu em toda parte: na Austrália e na Nova Guiné, por exemplo, a ocupação humana é ainda mais antiga que na América do Sul, mas não se verificou nesses locais, por exemplo, a emergência de formações políticas como o Estado, ainda que a Oceania também tenha gozado de isolamento periódico com relação à Ásia ao longo de milênios.

Já se discutiu aqui brevemente como o registro arqueológico do início do Arcaico nas terras baixas da América do Sul mostra uma tendência nítida e antiga à diferenciação econômica e à especialização adaptativa resultantes dos contextos ecológicos e geográficos nos quais se estabeleceram os primeiros ocupantes do continente. Paralelamente, as evidências revelam também que o processo de manipulação de plantas que levou à domesticação de algumas espécies não esteve restrito a apenas algumas áreas nucleares (Clement et al. 2015; Iriarte et al. 2020; Neves & Heckenberger 2019). Embora algumas áreas pareçam de fato ter sido centros importantes de domesticação, como a bacia do alto rio Madeira (Watling et al. 2018; Lombardo et al. 2020), há indícios diretos e indiretos, paleobotânicos e genéticos, de domesticação de plantas em diferentes regiões da América do Sul tropical. Tais evidências são, ainda, ampliadas pela ocorrência de restos botânicos de milho em contextos muito distantes dos trópicos, como era o caso dos cerritos das lagunas do norte do Uruguai mais de 4 mil anos atrás (Iriarte et al. 2004).

Os dados paleobotânicos são significativos porque demonstram um potencial para a domesticação de plantas visível em diferentes partes do continente em períodos bastante recuados, em alguns casos poucos milênios após o início da ocupação humana. O que chama a atenção, no entanto, é que apenas em alguns locais a emergência da agricultura sucedeu à domesticação inicial de plantas. Para que se compreenda melhor esse ponto, é necessário fazer uma distinção entre domesticação e agricultura. David Rindos (1984) propôs essa diferenciação em seu estudo clássico sobre as origens da agricultura. Embora a domesticação costume ser requisito para a emergência da agricultura, seria errado tomá-las como sinônimos. Na América do Sul, o registro arqueológico das terras baixas, principalmente da Amazônia, parece mostrar vários exemplos em que a domesticação não precedeu a emergência da agricultura (Fausto & Neves 2018). Ao contrário, no caso da Amazônia, deve-se notar como algumas das plantas mais importantes que compõem a dieta atual e pretérita dos povos indígenas da região sequer foram domesticadas. Mais uma vez, de acordo com Rindos, a emergência da agricultura deve ser entendida com um processo coevolutivo que transcorre entre plantas e *Homo sapiens*. Seguindo esse mesmo raciocínio, é correto afirmar que houve, no passado amazônico – ao longo do Holoceno Médio, entre 7 mil e 3 mil anos atrás –, poucas pressões evolutivas para que a agricultura se estabelecesse. Como explicar tal baixa pressão evolutiva? Um argumento convincente é o fato de os recursos alimentares terem sido fartos e amplamente distribuídos pela Amazônia a ponto de não haver uma demanda para o investimento no cultivo, característico dos contextos em que a agricultura é a principal atividade produtiva. Há meio século, Marshall Sahlins, em *Stone Age Economics* (1972), contribuiu para desmontar a ideia de que a transição de modos de vida caçadores-coletores para agricultores não implicou necessariamente melhoras na qualidade de vida das populações. Se considerarmos, por exemplo, o tempo dedicado ao lazer, caçadores-coletores dispensam na média menos horas para a produção de alimentos, tendo o restante dos dias para dedicar-se a atividades não ligadas à subsistência. Do mesmo modo, dados extraídos de centenas de esqueletos escavados em Çatalhüyük, um importante sítio neolítico da Anatólia, na Turquia, mostram uma piora no estado de saúde decorrente da adoção da agricultura e da criação de animais (Larsen et al. 2019).

A oeste dos Andes, no litoral do Peru, as evidências são outras: há, por exemplo, em pleno Holoceno Médio, claros sinais de estabelecimento de vida sedentária associada à agricultura e à arquitetura monumental em Caral, no vale de Supe, há 5500 anos (Shady 2006). A partir dessa época, no litoral central e norte do Peru, a comprovação de vida sedentária, agricultura e arquitetura monumental abunda em vales como Casma, Viru, Moche, Jequetepeque-Zaña e assim sucessivamente (Dillehay 2011). Uma perspectiva comparativa da arqueologia da América do Sul tropical no Holoceno Médio mostra, portanto, um quadro que amplia ainda mais as diferenças regionais já notadas no início da história do continente. Na Amazônia, com exceção dos sambaquis litorâneos e fluviais do litoral atlântico, baixo rio Amazonas e rio Guaporé (Pugliese et al. 2018), as evidências são de modos de vida nômades, com grande mobilidade e baixa visibilidade arqueológica (Neves 2006). No litoral do Pacífico, por outro lado, os sinais são de vida sedentária e de construção de monumentos com grande visibilidade arqueológica.

A hipótese mais interessante formulada para explicar as diferentes trajetórias políticas, na longa duração, entre as sociedades antigas da Amazônia e dos Andes continua sendo, para mim, aquela proposta por Carneiro (1970), que correlaciona a emergência do Estado à circunscrição geográfica. A possibilidade de aplicação dessa hipótese na América do Sul deriva, certamente, da própria experiência de pesquisa etnográfica de Carneiro na Amazônia, pois há poucos casos no planeta com contrastes geográficos tão marcados entre diferentes regiões como o que se verifica entre o litoral dos Andes centrais e a bacia amazônica. Recapitulando, o litoral dos Andes centrais é caracterizado pela presença de grandes desertos entrecortados por estreitos vales férteis, verdadeiros oásis, formados por rios que nascem na cordilheira, mas com limites geográficos bem definidos. Tais vales desembocam, por sua vez, em uma das zonas oceânicas mais produtivas que se conhecem, a costa do Pacífico no Peru, alimentada pela fria corrente de Humboldt. Trata-se, em suma, de um contexto em que recursos são produtivos e abundantes, mas com distribuição relativamente limitada, restrita aos vales irrigáveis e ao oceano, e limitados pelo deserto e pela cordilheira.

Na Amazônia, por outro lado, vemos quase que uma imagem invertida: também abundam recursos, principalmente ao longo das planícies aluviais dos grandes rios, mas sua distribuição é muito mais abrangente que no litoral do Peru. É curioso, nesse aspecto, verificar que muitas hipóteses apresentadas para explicar comparativamente as diferentes trajetórias políticas dos povos amazônicos e andinos tenham se valido de argumentos baseados na escassez de recursos na Amazônia – supostamente os solos pobres ou a parca proteína animal –, que impediria o estabelecimento de modos de vida sedentários, a divisão social do trabalho, a desigualdade institucionalizada e a emergência do Estado (Roosevelt 1980).

Ainda nos anos 1950, Carneiro chamou a atenção para o fato de populações indígenas da Amazônia à época subutilizarem o potencial agrícola dos locais que ocupavam (Carneiro 1983), derrubando argumentos baseados em princípios de escassez. A mesma observação foi feita, a partir de outra perspectiva teórica, por Philippe Descola, trabalhando com outros grupos amazônicos mais de trinta anos depois (Descola 1986). Por outro lado, nas décadas de 1960 e 1970, o genial Pierre Clastres ([1974] 2017) elaborou uma obra inovadora que contribuiu para uma crítica à idea de que a emergência do Estado seria o caminho natural da história humana[1] e que as sociedades que não tivessem alcançado tal estágio seriam relíquias, no presente, de formas rudimentares de organização política ou, pior, manifestações de processos adaptativos resultandes de limitações ambientais. Clastres inverteu o argumento e deu um sentido positivo à ausência do Estado, ao notar a existência, entre os povos das terras baixas, de políticas internas cuja dinâmica limitava a possibilidade de emergência e reprodução de formas de centralização política permanente e institucionalizada entre esses grupos. Para ele, as políticas ameríndias eram "contra o Estado".

A partir da década de 1990, a perspectiva teórica da ecologia histórica (Balée 1994) demonstrou, com base em dados obtidos entre grupos indígenas contemporâneos, que populações tradicionais na Amazônia (indígenas, ribeirinhas, quilombolas) exercem ações que transformam a natureza dos locais onde vivem, e também, em contrapartida, que é comum tais grupos ocuparem locais previamente transformados pela atividade humana. Entre essas ações há o enriquecimento do solo mediante a adição de material

---

1 Uma crítica semelhante vem sendo oferecida recentemente por autores como James Scott (2017) e David Graeber e David Wengrow (2021).

orgânico, a criação de pomares de árvores frutíferas, o plantio de árvores ao longo das trilhas na mata, o uso controlado do fogo levando ao surgimento de matas de palmeiras. Tais estratégias podem ser chamadas de agroflorestais e sua prática é conhecida entre distintos grupos, incluindo caçadores-coletores com muita mobilidade (Politis 1996; Rival 2002), passando por habitantes de grandes aldeais (Balée 1989 e 1995; Balée & Moore 1994; Posey 1986) e pelos ribeirinhos descendentes de migrantes nordestinos que vieram para a Amazônia trabalhar como seringueiros caboclos (Raffles 2002).

Há assim amplas evidências etnográficas e arqueológicas, já nem tão recentes assim, que contribuem para uma crítica à noção de que a História Antiga da Amazônia teria ocorrido dentro de um quadro de escassez de recursos. Está demonstrado que os povos indígenas do passado modificaram a natureza, ao ponto de que talvez se tenha que considerar a Amazônia como patrimônio biocultural e não apenas patrimônio natural. Obviamente tais práticas de modificação da natureza eram absolutamente diferentes do processo de destruição desenfreada que levou ao desaparecimento de 20% das florestas amazônicas entre 1970 e 2020. Talvez seja o momento, por essas razões, de abandonar o discurso da escassez e adotar outro ponto de vista, baseado na abundância (Neves 2007). Abundância, nesse sentido, deve ser entendida a partir do contraste já apresentado entre a Amazônia e o litoral peruano. Nesse último caso, os recursos também vicejam, porém são geograficamente restritos. No caso amazônico, os recursos são abundantes, mas irrestritos, na imensidão quase infinita da floresta, seus rios e lagos.

Se essas hipóteses estiverem corretas, elas nos ajudam a entender as diferentes trajetórias sociais e políticas dos povos amazônicos e andinos a partir do Holoceno Médio. Assim, enquanto nos Andes, de início no litoral do Peru, a circunscrição geográfica e a abundância de recursos criaram condições para o estabelecimento da vida sedentária e, aparentemente, de algum tipo de estratificação social, na Amazônia a fartura de recursos não criou pressões evolutivas, ao longo do Holoceno Médio, que impulsionassem o estabelecimento antigo da vida sedentária e da estratificação social (Ibid.). É provável que, nessa época, as populações nativas da Amazônia tenham tido modos de vida baseados no consumo combinado de plantas domesticadas, plantas não domesticadas e animais, com alternância na importância relativa desses componentes selvagens e naturais ao longo das gerações. Trata-se de uma situação parecida com a já mencionada entre grupos indígenas contemporâneos que intercalam, ao longo do tempo, estratégias produtivas baseadas na agricultura e na caça e coleta. É plausível, de fato, que tais alternâncias tenham sido o padrão na Amazônia do Holoceno Médio. A arqueologia mostra que esse padrão mudou drasticamente, no entanto, a partir do início da era comum.

MUDANÇAS SOCIAIS E POLÍTICAS NO INÍCIO DO PRIMEIRO MILÊNIO EC

A arqueologia das terras baixas da América do Sul revela um quadro impressionante de mudanças sociais e políticas a partir do início do primeiro milênio EC. Tais mudanças, que serão aqui apresentadas, se manifestaram em algumas tendências claramente verificadas no registro arqueológico. Dentre elas, cabe destacar:

1. O estabelecimento da vida sedentária ao longo da Amazônia e áreas adjacentes nas terras baixas. Embora existam sinais anteriores de vida sedentária, estes se tornam muito mais nítidos, visíveis e ubíquos a partir dessa época;
2. O estabelecimento de sinais visíveis de modificações da natureza, ou seja, de criação de paisagens. Do mesmo modo que no caso anterior, é bastante plausível que processos de "humanização",

ou antropização, da natureza remontem ao início da ocupação humana das terras baixas, mas, a partir dessa época, eles se tornaram mais intensos e mais palpáveis (Neves & Petersen 2006);

3. O estabelecimento de tradições cerâmicas distintas e com localizações geográficas relativamente bem definidas, que em alguns casos podem ser associadas a grupos linguísticos conhecidos etnográfica e historicamente.

Não existe ainda uma explicação satisfatória que nos ajude a entender a relativa rapidez e a aparente sincronia a partir das quais tais alterações ocorreram. Uma explicação mais simples e, portanto, talvez mais simplista pode associá-las às mudanças climáticas que parecem ter ocorrido no fim do Holoceno Médio, criando condições climáticas tropicais com ligeiro aumento da umidade, semelhantes às atuais (Neves 2007; Iriarte et al. 2017). A simultaneidade e aparente sincronia das transformações sociais verificada nas terras baixas implica alguma medida de relação direta ou indireta com processos antigos de mudanças climáticas.

Talvez o Brasil central seja a região das terras baixas sul-americanas onde são mais visíveis e nítidas as evidências de mudanças sociais e políticas abruptas no primeiro milênio EC. Essa região é hoje em dia ocupada predominantemente por sociedades indígenas que falam línguas da família macro-jê e têm um padrão de organização social cuja descrição corresponde a exemplos clássicos da etnologia das terras baixas. Esse padrão de organização social se manifesta de maneira bem evidente no uso do espaço das aldeias, que apresentam normalmente configuração circular ou anelar, com casas multifamiliares localizadas em torno de uma praça central. Tais aldeias, mesmo após seu abandono e o desaparecimento das casas, mantêm seu formato circular, como comprovam manchas circulares de coloração mais escura – em geral acompanhadas de fragmentos cerâmicos – distribuídas ao redor da área da praça central.

A ocupação de aldeias circulares é, portanto, um indicador material da presença antiga, no Brasil central, de grupos falantes de línguas da família macro-jê, apesar da ocorrência relativamente menor de grupos falantes de línguas de outras famílias que também vivem em aldeias com o mesmo formato, como os Tapirapé, os grupos do alto Xingu e Enawenê-Nawê. A arqueologia mostra como esse padrão se consolidou no fim do século VIII EC, em sítios escavados no Brasil central (Wüst 1994; Wüst & Barreto 1999). O interessante, no entanto, é que a história indígena da região se iniciou há cerca de 11 mil anos (Bueno 2006) ou mesmo antes (Vialou et al. 2017). Durante milhares de anos, poucas mudanças ocorreram nas formas de ocupação por populações que não produziam cerâmicas e aparentemente tinham modos de vida com maior mobilidade. A transição para as aldeias circulares, com a presença de cerâmicas e modos de vida mais sedentários, foi, ao que tudo indica, abrupta, e parece ter ocorrido simultaneamente em diferentes pontos da região. No Brasil central, portanto, é recente a emergência desses modos de vida consagrados na etnografia e classicamente associados a grupos falantes de línguas da família macro-jê. Esse novo padrão, que tem pouco mais de mil anos, se contrapôs ou se desenvolveu a partir da história de outro, muito mais antigo e, ao que parece, mais estável, que perdurou por mais de 10 mil anos na região.

Quando observado em uma escala continental, o exemplo do Brasil central não é isolado. Uma história semelhante de mudanças aparentemente bruscas também se verifica nas regiões que correspondem hoje ao litoral atlântico e ao sul do Brasil. Essas áreas, à época da chegada dos europeus, eram ocupadas por diversos grupos falantes de línguas da família tupi-guarani, com alguma especialização ecológica: enquanto os grupos tupinambá e correlatos ocupavam a faixa costeira e os vales úmidos e áreas de mata tropical atlântica, os Guarani e correlatos ocupavam também áreas de mata, em uma faixa geográfica que inclui partes do que são hoje o sul e sudeste do Brasil, o nordeste da Argentina, áreas no Paraguai e na Bolívia. Como no caso do Brasil central, essas áreas começaram a ser ocupadas, pelos grupos que as habitavam no século XVI EC, em um período relativamente recente, embora existam dúvidas sobre a antiguidade do início da presença tupi-guarani no território. As datas mais antigas vêm de uma região próxima à cidade do Rio de Janeiro e chegam a 700 AEC (Scheel-Ybert et al. 2008), mas sinais consistentes e regulares de ocupação datam do primeiro milênio EC. Ali, a presença de grupos produtores de cerâmicas se sobrepôs a ocupações mais antigas e pelo visto também estáveis, com milhares de anos de história, realizadas por sociedades com modos de vida totalmente distintos: trata-se dos construtores de sambaquis, cujos sítios mais antigos têm cerca de 9 mil anos.

À medida que se observam outras regiões, fica evidente que o padrão de mudanças sociais e políticas verificado no Brasil central e no litoral do Atlântico ocorreu de modo mais ou menos simultâneo por quase toda a extensão das terras baixas sul-americanas. Na região do Pantanal mato-grossense, próximo à atual fronteira entre a Bolívia e o Brasil, sítios de aterros artificiais associados à tradição pantaneira datam da mesma época. É, no entanto, na Amazônia que inúmeros exemplos indicam a consistência do padrão. A arqueologia tem mostrado como os ambientes amazônicos foram extensamente modificados por atividades humanas no passado, do mesmo modo como há também evidências de produção cerâmica antiga na região, de fato as cerâmicas mais antigas do continente. É interessante notar, no entanto, como na Amazônia os sinais mais nítidos, visíveis e permanentes de modificações antrópicas da natureza, ocupação de sítios de grande porte e construção de estruturas monumentais datam majoritariamente do primeiro milênio EC. Alguns exemplos da ilha de Marajó, Santarém, Amazônia central, alto Xingu, alto Madeira e alto Purus serão brevemente apresentados para ilustrar essa hipótese.

O caso da ilha de Marajó é ilustrativo porque a arqueologia local mostra uma longa história indígena que se iniciou há pelo menos 3500 AEC, com evidências de produção de cerâmicas associadas a sambaquis da fase Mina (Bandeira 2008; Simões 1981). A ilha de Marajó está situada na foz do rio Amazonas e tem uma arqueologia conhecida desde o século XIX, notadamente pela presença de cerâmicas elaboradas que remetem à ocupação de grandes aterros artificiais, verdadeiras ilhas, conhecidos como "tesos" (Meggers & Evans 1957; Roosevelt 1991; Schaan 2008). Trabalhos realizados nas décadas de 1950 e 1960 permitiram a associação desses tesos às belíssimas cerâmicas da fase Marajoara, com datas que vão do século III ao século XIV EC (Schaan 2001). A relação histórica entre as ocupações da fase Marajoara e ocupações precedentes ainda não é clara, bem como o entendimento do contexto social e político da construção dos tesos (Schaan 2008). Ainda assim, o registro arqueológico de Marajó mostra sinais de crescimento demográfico e aumento da monumentalidade dos sítios a partir do início do primeiro milênio EC.

Na região de Santarém percebe-se um padrão semelhante. Ali as evidências antigas de presença humana são ainda mais recuadas, com datas de mais de 11 mil anos obtidas na caverna da Pedra Pintada, em Monte Alegre (Roosevelt et al. 1996). Na mesma região escavaram-se depósitos com cerâmicas datadas de 7 mil anos (Roosevelt et al. 1991) no sambaqui de Taperinha. Esses sinais precoces de ocupação são seguidos por um aparente hiato, interrompido em alguns locais, como na região de Parauá, no baixo rio Tapajós (Gomes 2008), mas que é marcado por uma relativa baixa frequência e visibilidade nos sítios arqueológicos. Foi apenas a partir do primeiro milênio AEC que tal tendência se modificou, com sítios associados à fase Pocó (Guapindaia 2008; Hilbert & Hilbert 1980; Neves et al. 2014). Após as ocupações Pocó, sítios arqueológicos tornam-se lentamente maiores e mais densos, ligados a cerâmicas conhecidas como Konduri e Tapajós (Gomes 2002; Guapindaia 2008). Esse processo de crescimento demográfico atingiu seu apogeu na época do contato dos indígenas Tapajó, na região da atual cidade de Santarém, com a expedição de Francisco de Orellana, em 1542 EC (Gomes 2002).

O estudo dos povos indígenas da bacia do alto Xingu, iniciado por Karl von den Steinen no fim do século XIX, marca o início da etnologia das terras baixas sul-americanas. No entanto, foi apenas com os trabalhos de Michael Heckenberger iniciados na década de 1990 que pesquisas arqueológicas sistemáticas foram ali realizadas. Esses trabalhos têm mostrado como o alto Xingu pré-colonial foi marcado pela ocupação de grandes assentamentos, com estrutura urbana, conectados por estradas radiais (Heckenberger et al. 2003 e 2008). Tais estruturas atingiram seu apogeu construtivo no século XIII EC, mas foi apenas com o início da colonização europeia, no século XVI EC, que a população indígena passou a diminuir drasticamente. Para a discussão aqui apresentada, é importante chamar a atenção para o fato de que as evidências mais antigas até o momento disponíveis para o alto Xingu vêm do século VIII EC (Heckenberger et al. 2003). É provável que, com o avanço das pesquisas, evidências de ocupação mais antigas sejam ali identificadas, mas é também esperado que, como no Brasil central, tais evidências mais antigas provenham de grupos com maior mobilidade, com modos de vida distintos dos comprovados no fim do primeiro milênio EC.

A bacia do alto rio Purus é outra região da Amazônia na qual têm surgido dados arqueológicos recentes. Ali, estruturas de terra artificiais, com formato geométrico circular, quadrangular ou composto, conhecidas como "geoglifos", bem como sítios formados por montículos dispostos ao redor de praças centrais conectadas por redes de estradas, têm sido encontradas na bacia do rio Acre, desde sua foz até a região da cidade de Rio Branco (Pärsinnen et al. 2009; Schaan et al. 2010). Geoglifos têm sido descobertos em áreas de desmatamento recente, o que sugere que sua área de distribuição seja maior que a identificada até o momento. De fato, estruturas similares, conhecidas como *zanjas*, são também observadas na bacia do alto Purus e na bacia do alto Madeira, na Bolívia (Erickson 1995; Prümers 2004), e também em Rondônia e no norte do Mato Grosso. Para a discussão aqui apresentada, as datas obtidas até o momento mostram que a intensidade na construção dos geoglifos aumentou no fim do primeiro milênio AEC, em consonância com os outros fenômenos constatados nas terras baixas.

Na área de confluência, o mesmo padrão é verificado. Foi, de fato, a partir do estudo da arqueologia regional, e da detecção de um hiato no Holoceno Médio, que passei a procurar evidências semelhantes em outras áreas das terras baixas. Assim, apesar de haver ocupações, no sítio Dona Stella, datadas de cerca de 6500 AEC (Costa 2009), é apenas a partir do fim do primeiro milênio AEC que os sinais de ocupação humana ficam mais nítidos e visíveis (Lima et al. 2006). Esse processo culminou, já no primeiro milênio EC, na formação de solos férteis e antrópicos, conhecidos como "terras pretas", associados a sítios arqueológicos de grandes dimensões (Neves et al. 2003 e 2004; Petersen et al. 2001). Muitos desses sítios na região exibem estruturas artificiais, conhecidas como montículos, aterros que podem chegar a 3 metros de altura e são indicadores do estabelecimento de ocupações estáveis e sedentárias pela região (Machado 2005; Lima 2008; Moraes 2007).

Finalmente, temos o exemplo da bacia do alto Madeira. Trata-se de uma região com um registro arqueológico excepcional, que cobre praticamente todo o Holoceno (Mongeló 2020). A par de sua riqueza, a bacia do alto rio Madeira pode também ter sido o centro de domesticação de uma série de plantas, como a pupunha (*Bactris gasipaes*) e a mandioca (*Manihot esculenta*). É no alto Madeira que se encontram as terras pretas mais antigas conhecidas até o momento na Amazônia, com datas recuando até por volta de 3500 AEC (Ibid.). Se, conforme sugeri, terras pretas são marcadores do estabelecimento da vida sedentária, tudo indica que essa região também foi palco do início desse processo na Amazônia.

Com tudo isso, torna-se evidente que o primeiro milênio EC foi uma época de mudanças sociais marcadas nas terras baixas tropicais da América do Sul. Os sinais mais visíveis dessas mudanças foram, conforme mostrado, o estabelecimento da vida sedentária ao longo dessa imensa área; a construção de estruturas mais ou menos monumentais que marcaram de maneira indelével a paisagem dos locais onde foram construídas; e a configuração de feições paisagísticas anteriormente vistas como naturais. O caso mais conhecido é o das terras pretas, mas dados palinológicos indicam que, no Planalto Meridional brasileiro, a expansão das áreas com matas de araucária, uma rica fonte de recursos para as populações indígenas locais, ocorreu paralelamente à expansão pela região de grupos construtores de casas subterrâneas e fabricantes de cerâmicas conhecidas como pertencentes às tradições Itararé e Taquara (Bittencourt 2006). É provável que correlações parecidas se estabeleçam também quanto à distribuição de matas de castanha (*Bertholletia excelsa*) na Amazônia e de pequi (*Caryocar sp.*) no Brasil central e no Nordeste (Neves 2020).

CAPÍTULO 3

PAISAGENS EM CONSTRUÇÃO: A NATUREZA TRANSFORMADA

AS CERÂMICAS MAIS ANTIGAS NA AMAZÔNIA CENTRAL

A publicação, em 1948, do terceiro volume do *Handbook of South American Indians*, editado por Julian Steward, deu um impulso às pesquisas arqueológicas e antropológicas nas terras baixas da América do Sul.

O volume é composto de vários capítulos descritivos sobre os povos indígenas da Amazônia e da Mata Atlântica, escritos por autores como Alfred Métraux, Curt Nimuendajú e Claude Lévi-Strauss, mas tem também um texto de síntese, redigido por Robert Lowie, onde se apresenta o conceito de "cultura da Floresta Tropical". Na perspectiva que animou a organização dos oito volumes do *Handbook*, "cultura da Floresta Tropical" designava uma ampla área da América do Sul, as terras baixas tropicais da Amazônia e da Mata Atlântica, mas também um estágio de evolução social: essas sociedades seriam caracterizadas por uma diversidade de traços, como o uso de redes de dormir, navegação fluvial, cerâmica, agricultura incipiente – especialmente o cultivo de tubérculos –, e ausência de elementos arquitetônicos ou metalúrgicos (Lowie 1948). Ou seja, eram consideradas sociedades tribais, um pouco nômades, sem Estado. Foi também com o *Handbook* que se lançou uma perspectiva, ainda forte na arqueologia sul-americana, que enxerga a Amazônia como uma área periférica na história cultural do continente. Em 1970, Donald Lathrap apropriou-se do conceito de cultura da Floresta Tropical de maneira particular, apresentando um quadro alternativo para a arqueologia amazônica. A formulação do modelo cardíaco (Brochado 1989; Brochado & Lathrap 1982; Lathrap 1970; Lathrap & Oliver 1987) deu protagonismo à Amazônia central como uma região-chave para compreender a história pré-colonial das terras baixas da América do Sul, sugerindo ser ali um centro onde se desenvolveram inicialmente processos como o adensamento demográfico, produto de adaptações agrícolas e ribeirinhas bem-sucedidas, e a emergência de sociedades hierarquizadas, resultantes de uma duradoura ocupação humana. Segundo a hipótese de Lathrap, a Amazônia central teria sido um dos prováveis centros de origem e expansão da cultura da Floresta Tropical e da agricultura no continente, bem como o núcleo inicial das populações ancestrais dos atuais falantes de línguas dos troncos arawak e tupi (Lathrap 1970: 72; Lathrap 1977). Esse processo teria começado ao redor de 4 mil AEC (Brochado & Lathrap 1982; Lathrap & Oliver 1987).

Desde os trabalhos pioneiros realizados no Equador, na Colômbia e no litoral amazônico nas décadas de 1950 e 1960, sabe-se que no norte da América do Sul – num grande arco que vai desde a bacia do Guayas, no Equador, até a foz do Amazonas, no Brasil – estão localizados os centros mais antigos de produção cerâmica no Novo Mundo (Reichel-Dolmatoff 1997; Simões 1981). Essa tendência inicial foi reforçada por pesquisas realizadas nos anos 1990, quando foram identificados sítios com cerâmicas antigas no litoral do Equador, no norte da Colômbia e no baixo Amazonas com datas que remontam a 4 mil AEC ou mais (Oyuela-Caycedo 1995; Roosevelt 1995). Nos últimos anos, cerâmicas antigas também foram identificadas na alta Amazônia equatoriana (Valdez 2019) e na região do médio rio Guaporé, na atual fronteira entre a Bolívia e o Brasil (Pugliese et al. 2018).

O entendimento das relações históricas entre tais complexos cerâmicos e a aceitação de alguns dos contextos datados são, no entanto, foco de um intenso debate. Para alguns autores, a ocorrência aparentemente simultânea de diferentes centros de produção antiga espalhados por uma ampla área indicaria que o início da produção cerâmica teria ocorrido de forma independente nesses locais (Barnett & Hoopes 1995). Outros autores trabalham com uma hipótese alternativa: teria havido um único centro de produção antiga, localizado na região do baixo rio Magdalena, no norte da Colômbia, a partir do qual as ideias e técnicas relativas à produção cerâmica teriam se difundido para o resto do continente (Meggers 1997; Williams 1997). A observação dessas cerâmicas antigas revela muitas diferenças de forma e tecnologia entre elas, o que demonstra que houve mais de um centro antigo de invenção independente da cerâmica na América do Sul, todos nas terras baixas tropicais e a maioria na Amazônia. Tais evidências afastam de vez noções de atraso ou marginalidade associadas aos trópicos.

Na Amazônia, apesar dos avanços realizados na identificação de complexos cerâmicos antigos e do relativo bom estado de conhecimento disponível sobre as cerâmicas produzidas nos períodos imediatamente anteriores ao começo da conquista europeia, pouco se conhece das cerâmicas produzidas nos séculos anteriores ao início da era comum, ou seja, entre 3 mil e 2 mil anos atrás. A identificação, na década de 1990, de complexos cerâmicos antigos, datados de 5 mil anos AEC, no baixo Amazonas – no sítio de Taperinha, próximo à cidade de Santarém –, colocam essas cerâmicas entre as mais antigas do continente (Roosevelt 1995; Roosevelt et al. 1991). No entanto, a sequência cerâmica da região de Santarém é muito mal conhecida e aparentemente cheia de lacunas e hiatos, o que impede que se entenda melhor, por exemplo, a relação entre tais cerâmicas antigas e outras datadas de cerca de 3 mil anos. No atual litoral do Pará, a leste da foz do rio Amazonas, cerâmicas com formas simples, engobo vermelho e tempero de conchas moídas foram identificadas por Simões (1981), em sambaquis associados à fase Mina, e datadas de cerca de 3500 AEC. As cerâmicas da fase Mina aparentam ser, no entanto, bastante diferentes das cerâmicas identificadas em Taperinha, o que impede que se infira algum tipo de relação histórica entre elas. Por outro lado, é na região da foz do Amazonas e da ilha de Marajó que se encontra uma das mais longas sequências arqueológicas conhecidas na bacia amazônica. Tal sequência se inicia com a fase Mina, em 3500 AEC, e segue, com algumas lacunas, até as fases Aruã, Aristé e Maracá, datadas de 1500 EC ou até de épocas mais recentes (Meggers & Danon 1988; Meggers & Evans 1957; Schaan 2001).

A sequência arqueológica proposta por Hilbert (1968) para a Amazônia central é composta de quatro conjuntos cerâmicos distintos, associados, respectivamente, às fases Manacapuru e Paredão, da tradição Borda Incisa, à fase Guarita da tradição Polícroma da Amazônia, e à fase Itacoatiara, da tradição Incisa e Ponteada (Hilbert 1968).

FASE	TRADIÇÃO	DATAS ¹⁴C
Itacoatiara	Incisa e Ponteada	Sem datas
Guarita	Polícroma da Amazônia	Sem datas
Paredão	Borda Incisa	880 ± 70; 870 ± 70 EC
Manacapuru	Borda Incisa	425 ± 58 EC

TABELA 1 Cronologia cerâmica da Amazônia central (Hilbert 1968: 256).

Ao propor sua classificação, Hilbert seguiu a divisão de quatro grandes horizontes cerâmicos para a Amazônia proposta por Evans e Meggers em 1961 (Meggers & Evans 1961). "Horizonte" é um conceito proposto há mais de um século por um dos pioneiros da arqueologia andina, o alemão Max Uhle, para designar manifestações arqueológicas – tipos de cerâmica ou padrões arquitetônicos – com ampla distribuição geográfica e pouca duração cronológica. Por essa razão, esse conceito funciona bem para descrever fenômenos como migrações que ocorreram em períodos relativamente curtos de tempo. Baseada em quatro grandes horizontes – Zonado-Hachurado, Borda Incisa, Polícromo, e Inciso e Ponteado –, a proposta por Evans e Meggers, prevista inicialmente como hipotética ou mesmo provisória, provê até hoje a espinha dorsal para o estudo das cronologias cerâmicas para a bacia amazônica. Nos últimos sessenta anos, as pesquisas mostraram que alguns desses componentes, como o "polícromo", têm uma grande profundidade cronológica, o que justificou a substituição do termo "horizonte" por "tradição". Do mesmo modo, a identificação de cerâmicas antigas e bastante distintas em sambaquis do litoral do Pará e do Suriname, datadas de até 4 mil AEC, leva à identificação de um componente ainda mais antigo, que poderia ser denominado "tradição Mina" (Neves 2006; Roosevelt 1995). Parece claro, de qualquer modo, que novos componentes deverão ser acrescentados aos cinco mencionados. Esse pode, por exemplo, ser o caso das cerâmicas ainda mais antigas, datadas de 5 mil AEC, identificadas no sambaqui de Taperinha (Roosevelt 1995).

Cerâmicas da fase Manacapuru consistem em vasos de formas variadas, normalmente temperados com o cauixi. A decoração consiste essencialmente na modelagem de figuras abstratas, zoomorfas e antropomorfas, incisões simples e paralelas retilíneas e curvilíneas e engobo vermelho, entre outros elementos. É também notável a presença de flanges labiais, normalmente usadas como suporte para decoração incisa, em linhas simples ou paralelas, com motivos curvilíneos e retilíneos; a aplicação, nos lábios, de apêndices modelados zoomorfos ou antropomorfos; e a presença de lábios planos (Hilbert 1968; Lima 2008; Lima et al. 2006).

Cerâmicas da tradição Borda Incisa têm o uso da modelagem como recurso decorativo marcante. Trata-se geralmente de apêndices aplicados na borda ou no lábio dos vasos, representando figuras antropomorfas, zoomorfas (especialmente répteis e aves) e abstratas. Estão sempre associados a outras técnicas decorativas, como incisões e pintura. Em pratos ou vasilhas muito abertas os apêndices são uma extensão modelada de flanges labiais. Ocorrem também em grandes tigelas, provavelmente adquirindo função utilitária, como alça (Figura 8).

FIGURA 8 Conjunto de fragmentos cerâmicos e vasos inteiros fragmentados *in situ*, fase Manacapuru, sítio Hatahara. Foto: Val Moraes.

A filiação cultural e a posição cronoestilística da fase Manacapuru são temas de debate na arqueologia amazônica. Trata-se de um embate teórico-metodológico cuja origem está na contraposição de dois modelos distintos, que divergem quanto ao seu desenvolvimento e dispersão. De acordo com a primeira vertente, a fase Manacapuru se enquadraria na tradição Borda Incisa, uma das tradições anteriormente mencionadas, cujas datas variariam entre 100 e 800 EC (Hilbert 1968; Meggers & Evans 1961). A tradição Borda Incisa englobaria algumas fases cerâmicas no Amazonas e outras no médio Orinoco, na Venezuela. Entre as fases representadas na Amazônia estão Manacapuru (na Amazônia central),

Boim (médio Amazonas), Japurá (rio Japurá-Caquetá) e Mangueiras (na ilha de Marajó). No Orinoco, a tradição Borda Incisa se manifestaria nas fases Nericagua, Cotua e Los Caros. Meggers, no entanto, reconheceu que a tradição Borda Incisa configura um conjunto ainda pouco conhecido, já que "a ocorrência dos traços diagnósticos nessas seis fases é menos consistente e menos proeminente do que em qualquer dos outros horizontes propostos, consequentemente o horizonte Borda Incisa é o mais hipotético dos quatro" (Meggers & Evans 1983: 378).

Outros autores, como Lathrap (1970) e Heckenberger (2002), trabalham com a hipótese de que a tradição Borda Incisa seria a manifestação amazônica de um fenômeno ainda mais amplo que incluiria o norte das terras baixas sul-americanas. Nessa perspectiva, a tradição Borda Incisa seria a contrapartida local da chamada "série Barrancoide", definida por Cruxent e Rouse (1958-59) para depósitos datados a partir de 1000 AEC no alto Orinoco.

Lathrap e Heckenberger seguem uma longa e ilustre tradição acadêmica na antropologia das terras baixas, que correlaciona a distribuição de cerâmicas com decoração incisa e modelada – presente, de fato, tanto na tradição Borda Incisa como na série Barrancoide – à expansão de grupos falantes de línguas da família arawak (Schimdt 1917; Nordenskiöld 1930). Notável, nesse aspecto, é a obra de síntese de Nordenskiöld, *L'Archeologie du bassin de l'Amazone*, publicada em 1930, em Paris, na qual tal hipótese é ilustrada pela apresentação, em uma prancha com apêndices zoomorfos (Figura 9), de cerâmicas encontradas desde Trinidad, no Caribe, passando pela região de Santarém até o delta do rio Paraná, na Argentina.

De fato, as cerâmicas apresentadas na prancha pertencem a complexos cerâmicos conhecidos, do norte para o sul, como "série Arauqinoide" na Venezuela e Guianas, "estilo Konduri" na região de Santarém e "Goya-Malabrigo" no delta do Paraná. Essa profusão de nomes e categorias – fases, tradições, horizontes, estilos, séries etc. – torna patente a necessidade de estabelecer critérios classificatórios que suplantem as estruturas acadêmicas locais, geralmente importadas, características da arqueologia da América do Sul. Um trabalho como esse – verdadeira limpeza dos estábulos de Augias – vai além dos objetivos aqui propostos. Maior grau de consistência terminológica ajudaria a elucidar processos de ampla distribuição geográfica que ocorreram no passado nas terras baixas sul-americanas.

Apesar de se opor à associação entre a série Barrancoide e a tradição Borda Incisa, Meggers (1997) – em um argumento contra a hipótese de que houve diferentes centros independentes de produção inicial de cerâmica na América do Sul – propôs de modo convincente que a melhor maneira de explicar semelhanças formais e tecnológicas existentes entre complexos cerâmicos nas terras baixas seria remetendo à difusão a partir de centros originais de produção. A hipótese de Meggers parte da premissa de que a produção cerâmica permite uma variabilidade quase ilimitada devido à natureza plástica da argila, à qual se pode conferir um amplo leque de formas e padrões decorativos plásticos e pintados. Nesse sentido, as semelhanças entre as cerâmicas Borda Incisa e Barrancoide não poderiam ser tratadas como coincidências ou processos de convergência, e sim como resultado de uma origem comum, embora ainda não se possa determinar as relações históricas entre elas. Essa dificuldade resulta, em parte, da extrema confusão relacionada à definição de uma cronologia para as cerâmicas do baixo e médio Orinoco, onde teoricamente estariam as datas mais antigas para a série Barrancoide, no próprio sítio de Barrancas (Barse 2000; Boomert 2000).

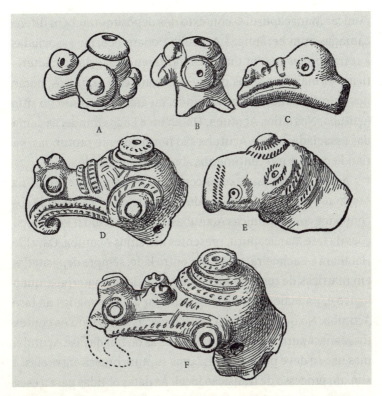

FIGURA 9 Prancha que correlaciona a distribuição de cerâmicas com decoração modelada zoomorfa à expansão arawak (Nordenskiöld 1930).

A FASE AÇUTUBA

Na Amazônia central, as pesquisas mostraram que cerâmicas inicialmente associadas por Hilbert à fase Manacapuru apresentavam uma considerável variabilidade estilística, tecnológica, estratigráfica e contextual. Essas diferenças levaram à sua divisão em duas categorias distintas: fases Manacapuru e Açutuba (Lima et al. 2006).

Às diferenças formais e estilísticas se acrescentam outras dimensões de variabilidade no contexto Açutuba/Manacapuru. No que se refere à cronologia, sítios ou depósitos com cerâmicas Açutuba são consistentemente mais antigos que os com cerâmicas Manacapuru. O contexto dos depósitos também difere: camadas com cerâmicas Açutuba podem ocorrer associadas a terras pretas ou em matrizes indiferenciadas das características normais dos solos da região, sejam eles argilosos, como nos sítios Hatahara e Lago Grande, ou arenosos, como no sítio Açutuba. Nos sítios Açutuba, Hatahara e Lago Grande, as camadas associadas à fase Açutuba são normalmente profundas, variando de 60 a 100 centímetros abaixo da superfície.

A comparação entre esses contextos permite afirmar que, na Amazônia central, a formação de terras pretas está associada aos contextos com cerâmicas Açutuba e data do século II EC. Ocupações da fase Manacapuru, presentes nos sítios Açutuba, Osvaldo, Hatahara e Cachoeira, estão, por outro lado, sempre depositadas em matrizes de terras pretas. A densidade de material arqueológico é, na maioria dos casos, superior à das camadas da fase Açutuba. No que se refere à cronologia, as datas para os contextos Manacapuru são contemporâneas às do fim da fase Açutuba, mas não se deve pensar que há uma ruptura brusca entre elas, e sim um processo de transição local. As datas obtidas para a escavação do sítio Osvaldo indicam um rápido processo de formação da terra preta, o que mais uma vez sugere mudança de modo de vida talvez associada ao aumento da densidade demográfica na região. Essa tendência se tornará visível até atingir o que parece ter sido o apogeu demográfico da Amazônia central, que ocorreu ao redor do ano 1000 EC.

Outra fonte para determinar a cronologia das ocupações da fase Manacapuru são as datas obtidas para o sítio Lago Grande, já que fragmentos cerâmicos Manacapuru estão sistematicamente presentes, embora em pequena quantidade, em toda a estratigrafia, variando conforme a frequência das cerâmicas da fase Paredão ali escavadas (Donatti 2003). Análises por ativação de nêutrons feitas com essas cerâmicas indicam que elas têm um perfil tecnológico bastante distinto das cerâmicas Paredão encontradas no mesmo depósito, o que sugere a prevalência de um sistema de trocas que incluía a circulação de vasos (Hazenfratz et al. 2012). Conforme se discutirá posteriormente, esses dados são compatíveis com outras informações, tais como o formato das aldeias, sugerindo que, ao fim do primeiro milênio EC, a Amazônia central era ocupada por grupos que compunham um sistema regional multiétnico semelhante ao verificado, no presente, no alto Xingu.

Cerâmicas Açutuba se distinguem pelo uso sofisticado da decoração pintada e plástica. Na pintura, destaca-se o uso de uma ampla paleta de cores, de fato a mais ampla registrada entre as cerâmicas amazônicas antigas e contemporâneas, que inclui o amarelo, o laranja, o vermelho, o vinho e o branco (Figura 10). Os motivos pintados são geométricos e têm a forma de volutas. A decoração plástica inclui o amplo uso do modelado, sob a forma de apêndices zoomorfos e antropomorfos, aplicados sobre os lábios, as flanges labiais ou as bordas dos vasos. Ainda na decoração plástica, é comum o uso de algumas técnicas típicas de complexos mais tardios, como a fase Marajoara e a fase Guarita da Amazônia central. Com a fase Marajoara, as cerâmicas Açutuba dividem, além da decoração polícroma, o uso da excisão como elemento de criação de contrastes em campos decorativos e o uso de apliques antropomorfos e zoomorfos modelados. É importante destacar aqui que a excisão é um dos elementos decorativos mais marcantes da cerâmica marajoara. Na ilha de Mexiana, também na foz do Amazonas, cerâmicas da fase Acauan, ainda sem datas (Meggers & Evans 1957), têm padrões de excisão, para a criação de contrastes entre campos decorativos, notavelmente semelhantes às cerâmicas Açutuba, embora sem o uso de apêndices modelados (Ibid.: pranchas 90-92).

Há também outra técnica decorativa, comum nas cerâmicas da fase Açutuba da Amazônia central, que reaparece posteriormente associada a outro complexo cerâmico: a construção de flanges mesiais. Flanges mesiais são formadas pela adição de um ou mais roletes à parede dos vasos – geralmente na sua parte mesial ou mesial-superior –, criando uma espécie de cintura ao longo do perímetro. Na fase Guarita, datada a partir do fim do primeiro milênio EC – portanto, séculos após o desaparecimento das ocupações Pocó-Açutuba –, flanges mesiais são tão abundantes nas cerâmicas a ponto de poderem ser consideradas como "fósseis-guias" (Tamanaha 2012). É notável, pois, como alguns elementos formais e decorativos exclusivos de cerâmicas da tradição polícroma – por exemplo, a excisão na fase Marajoara e as flanges mesiais na fase Guarita, sem falar, é claro, no uso disseminado da própria policromia – têm antecedentes nas cerâmicas Açutuba. Tais conexões apontam para uma relação histórica entre esses complexos, mesmo que não haja ainda elementos para se compreender como isso ocorreu.

A definição da fase Açutuba na Amazônia central permitiu que se estabelecessem paralelismos com as cerâmicas Pocó, definidas por Hilbert e Hilbert (1980), que até então estavam dissociadas de outros complexos cerâmicos amazônicos. Para além das claras semelhanças em forma e decoração nas cerâmicas Açutuba e Pocó, os sítios com esses materiais compartilham o fato de representarem em muitos locais as primeiras evidências de ocupação humana após o hiato do Holoceno médio. Do mesmo modo, as ocupações Pocó e Açutuba estão também associadas a sinais claros de mudanças na paisagem, como a formação de terras pretas. Pesquisas posteriores, realizadas em outros locais da Amazônia e brevemente revisadas a seguir, mostram que esse foi um fenômeno generalizado, manifestado além da Amazônia central e da região do Tapajós e Trombetas, com características marcantes que indicam mudanças significativas nos modos de vida dos povos indígenas a partir de 1000 anos AEC. Por tais razões, essas cerâmicas e sítios foram agrupados numa grande categoria denominada tradição Pocó-Açutuba (Neves et al. 2014).

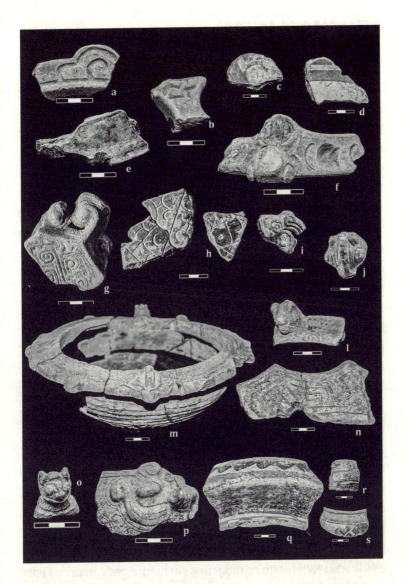

FIGURA 10 Fragmentos cerâmicos da fase Açutuba na Amazônia central – exemplos de decoração plástica e pintada. Foto: Eduardo G. Neves.

A TRADIÇÃO POCÓ-AÇUTUBA

Em 2006, quando se identificou a fase Açutuba, pareciam evidentes as correlações entre ela e as cerâmicas antigas dos sítios Pocó e Boa Vista, dos rios Trombetas e Nhamundá, no baixo Amazonas (Hilbert & Hilbert 1980). Nos últimos anos, no entanto, pesquisas realizadas no próprio Trombetas (Guapindaia 2008); em Santarém (Gomes 2011); no lago Amanã, próximo a Tefé (Costa 2012); em La Pedrera, no rio Caquetá, Colômbia (Morcote-Ríos et al. 2013); e no sítio Teotônio, no alto rio Madeira (Kater 2020), mostram, em diferentes partes da Amazônia, um padrão de distribuição com cerâmicas com as mesmas características formais e decorativas, datadas do primeiro milênio AEC. Em alguns desses casos, como La Pedrera, há uma associação consistente entre camadas Pocó-Açutuba e a formação de solos antrópicos, no rio Caquetá, próximo à atual fronteira entre o Brasil e a Colômbia, no século VII AEC (Morcote-Ríos et al. 2013). Perto da foz do mesmo rio, já no lado brasileiro, escavações no sítio Boa Esperança, no lago Amanã, indicaram igualmente a presença de materiais Pocó-Açutuba, também em sítios de terra preta, embora sem uma associação estratigráfica tão explícita, com datas que chegam ao século VII AEC.

No baixo Amazonas – na cidade de Santarém e no rio Trombetas –, escavações recentes também têm mostrado contextos Pocó-Açutuba associados ao início da formação de terras pretas nessas áreas. No sítio Boa Vista, no baixo rio Trombetas, Guapindaia (2008) identificou camadas Pocó-Açutuba datadas entre 360 AEC e 410 EC.

No mesmo sítio, mas em pesquisas realizadas em 1975, Hilbert e Hilbert (1980) foram os pioneiros em identificar cerâmicas Pocó datadas do início da era comum. Esses mesmos autores, no entanto, obtiveram datas ainda mais antigas, situadas aproximadamente entre 1300 e 1000 AEC, resultados que foram descartados à época, mas que podem fazer sentido à luz de dados mais recentes, como se discutirá a seguir. Na cidade de Santarém, na escavação do sítio Aldeia, Gomes (2011: 289) identificou camadas Pocó-Açutuba datadas entre 1000 AEC e 200 EC. Na região do belíssimo lago de Silves, no Amazonas, Simões escavou cerâmicas datadas do século II EC, que então interpretou como materiais antigos da tradição polícroma (Simões & Machado 1987), uma informação também incorporada por Meggers e Evans (1983), no que foi provavelmente o último artigo de síntese por eles escrito sobre a arqueologia da Amazônia. Pesquisas em andamento no sítio Teotônio, próximo a Porto Velho, em Rondônia, têm revelado a presença de contextos Pocó-Açutuba enterrados com datas que chegam a 1200 AEC (Kater 2020).[1]

FIGURA 11 Vasilhame da fase Pocó, sítio Boa Vista, rio Trombetas. Foto: Maurício de Paiva.

[1] Em 2011, o Museu de Arqueologia e Etnologia (MAE) recebeu uma pequena coleção de cerâmicas coletadas pelo prof. João Maria Franco de Camargo da USP Ribeirão Preto, um entomólogo já falecido, que fazia trabalho de campo na região do baixo rio Branco, em Roraima, na área de transição entre os campos e a floresta, a jusante de Bela Vista, no sul do estado. Esse material não foi datado, tampouco há sobre ele informações contextuais, mas as características das cerâmicas são típicas do conjunto Pocó-Açutuba.

Essas informações mostram que sítios Pocó-Açutuba têm uma ampla distribuição pela Amazônia, espalhando-se, de oeste para leste, ao longo de uma linha reta de mais de 1600 quilômetros, desde La Pedrera até Santarém, e, de norte a sul, de mais de 1200 quilômetros, desde o baixo rio Branco até a região de Porto Velho. Tal padrão amplo permite, uma vez mais, que essas ocupações sejam tratadas como uma tradição distinta, a da Borda Incisa. O objetivo, nunca é demais repetir, é menos complicar o já confuso quadro cronotipológico das terras baixas sul-americanas e mais ressaltar a singularidade dos contextos Pocó, dentre os quais se destacam:

1. Sua já mencionada amplitude geográfica, que sem dúvida aumentará à medida que novas regiões forem pesquisadas;
2. O fato de que os sítios com esses materiais representam em muitos casos os primeiros sinais consistentes de presença humana após longos hiatos no Holoceno Médio;
3. A associação entre alguns desses contextos e o início da produção de terras pretas, um indicador do estabelecimento de modos de vida sedentários, ao longo da calha do Amazonas;
4. A própria singularidade dessas cerâmicas, que sem dúvida têm o mais amplo repertório decorativo entre todas as tradições ou complexos amazônicos, comparado apenas à fase Marajoara, o que provavelmente não é uma coincidência, conforme se discutirá a seguir;
5. Ainda sobre as características formais e decorativas, a absoluta singularidade das cerâmicas Pocó com relação às cerâmicas mais antigas conhecidas na Amazônia (Taperinha, Mina, Parauá, cerâmicas do rio Uaupés, fase Bacabal).

Esses elementos indicam também que os contextos da tradição Pocó-Açutuba têm um caráter histórico distinto, cuja principal marca foi inaugurar o período de antropização mais intensa da

Amazônia, iniciado no primeiro milênio AEC. Se correta, essa é uma informação relevante, que contribui para o desenvolvimento dos estudos de ecologia histórica, porque mostra que os processos antigos de antropização e criação de paisagens na Amazônia não foram constantes e tampouco regulares ao longo do tempo (Neves & Petersen 2006; Neves 2010).

Com base nessas considerações, pode-se vislumbrar hipoteticamente a história dos povos que produziram as cerâmicas Pocó-Açutuba. Em primeiro lugar, a grande diferença entre essas cerâmicas e outras mais antigas, ou até da mesma idade – como é o caso da fase Ananatuba, na ilha de Marajó (Meggers & Evans 1957) –, indica duas possibilidades: introdução externa, a partir de um centro de origem fora da Amazônia, ou desenvolvimento local. O padrão de distribuição de datas, nesse caso, não é elucidativo: embora as datas do primeiro milênio AEC na bacia do Caquetá-Japurá sugiram uma origem no noroeste da Amazônia, as datas publicadas por Gomes (2011), bem como as datas rejeitadas por Hilbert e Hilbert (1980), indicam contextos no fim do segundo milênio AEC na região do Tapajós-Trombetas. Uma comparação com os complexos cerâmicos do baixo Orinoco – que mostram a presença de figuras incisas e modeladas e de decoração pintada associadas às séries Barrancoide e Saladoide – é uma possibilidade, mas tampouco estão nítidas as relações entre esses complexos e sua cronologia.

Enquanto não se resolvem os problemas cronológicos e tipológicos relativos à origem das cerâmicas Pocó-Açutuba, pode-se, entretanto, destacar as inovações notáveis no registro arqueológico da Amazônia delas resultantes.

A primeira inovação diz respeito à introdução do modelado como recurso decorativo nas cerâmicas amazônicas. Embora a decoração plástica, exercida através de incisões, já seja notável em complexos mais antigos – como a fase Bacabal do rio Guaporé, datada de 2200 AEC (Miller 2009), e a fase Ananatuba, na ilha de Marajó (Meggers & Evans 1957), datada de 1400 AEC –, é a partir do aparecimento das cerâmicas Pocó que o uso de apêndices zoomorfos e antropomorfos modelados se tornará comum até se disseminar completamente por diferentes tradições, fases ou estilos – incluindo, por exemplo, Marajoara, Guarita, Santarém, Konduri e, é claro, Borda Incisa – da Amazônia no fim do primeiro milênio EC. É possível, portanto, afirmar que uma influência simbólica ou religiosa (cosmopolítica?) está associada ao estabelecimento de grupos que produziam cerâmicas Pocó sobre as populações posteriores.

Em outro contexto de pesquisa, relacionado ao neolítico da Europa, e em resposta às críticas elaboradas à hipótese que correlaciona a expansão dos grupos falantes de línguas indo--europeias à expansão da agricultura e pastoreio no início do Holoceno, Colin Renfrew (2000) justifica o uso de correlações entre padrões no registro arqueológico e outros padrões culturais, como agrupamentos de línguas. Para Renfrew, tais correlações são, por exemplo, mais fortes nos casos de colonização inicial de áreas previamente desabitadas. Tal foi o caso da Polinésia anterior à ocupação de falantes de línguas austronésias, caracterizada pelo complexo arqueológico Lapita (Kirch 1997). Outro possível contexto em que tais correlações podem ser postuladas são os casos em que um grupo com uma tecnologia particular, como cultivadores sendetários de plantas, ocupa uma área previamente habitada por grupos com modos de vida totalmente distintos, como caçadores e coletores com muita mobilidade. Esse pode ter sido o caso da tradição Pocó-Açutuba, cujos sítios estão assentados em lugares com sinais pouco visíveis de ocupações prévias, ou mesmo em contextos nos quais a presença humana anterior indicava modos de vida distintos. No sítio Teotônio, por exemplo, as camadas Pocó-Açutuba se sobrepõem a camadas mais antigas, da fase Massangana, sem presença de cerâmicas.

A padronização tecnológica e estilística das cerâmicas Pocó-Açutuba e os contextos peculiares de formação das camadas arqueológicas a elas associadas permitem que se postule que os grupos que produziam essas cerâmicas eram provavelmente falantes de línguas geneticamente próximas entre si, mais ou menos como eram os grupos falantes de línguas da família tupi-guarani no litoral atlântico no início do segundo milênio EC. Se essa hipótese estiver correta, é provável que esses grupos falassem línguas da família arawak, de acordo com a velha hipótese de Nordenskiöld (1930).

A hipótese de correlação entre falantes de línguas arawak e grupos produtores de cerâmicas incisas e modeladas, como é o caso de Pocó-Açutuba, remonta ao início do século XX. O fato de Pocó ser o conjunto de cerâmicas incisas e modeladas mais antigas encontradas até o momento na Amazônia confere apoio a essa hipótese, embora não a prove. Desde os trabalhos de pioneiros como Max Schmidt (1917), é sabido que as línguas arawak foram as que tiveram a dispersão mais ampla pelas terras baixas da América do Sul, já que, à época da conquista, eram faladas desde as Bahamas até o Paraguai e desde o sopé dos Andes até o litoral do Atlântico (Urban 1992). Os mecanismos subjacentes à expansão dos grupos falantes de língua arawak ainda é controverso, mas muitos autores (Arroyo-Kalin 2010; Lathrap 1970; Heckenberger 2002; Hornborg 2005) associam tal processo à adoção da agricultura de mandioca. De fato, a hipótese de Lathrap tem em muitos aspectos a mesma base dos argumentos propostos por Renfrew (1987) para explicar a expansão indo-europeia: que a adoção da agricultura provocou crescimento demográfico e consequente expansão geográfica – ou "difusão dêmica" – de populações específicas; no caso da Amazônia, os falantes de línguas da família arawak. Para Lathrap (1970), os correlatos materiais dessa expansão seriam vistos nos sítios com cerâmicas com decoração incisa e modelada (ou da série Barrancoide e da tradição Borda Incisa), distribuídos pela Amazônia e pelo norte da América do Sul.

Heckenberger (2002) refinou ainda mais a hipótese de Lathrap e acrescentou, aos correlatos arqueológicos anteriormente propostos, também o formato circular, um padrão claramente associado ao que se consideram ser as primeiras aldeias dos grupos falantes de línguas arawak no Caribe insular (Petersen 1996). Os dados atualmente disponíveis não permitem que se determine ao certo a forma dos assentamentos com cerâmicas Pocó-Açutuba. Na área de confluência dos rios Negro e Solimões, no entanto, foi detectado um nítido padrão de aldeias de formato circular ou de ferradura associado a cerâmicas das fases Manacapuru e Paredão, que são mais tardias que Pocó, mas que também têm cerâmicas com decoração incisa e modelada e são classificadas na tradição Borda Incisa.

A classificação filogenética das línguas da família arawak publicada por Walker e Ribeiro (2011) traz também uma contribuição para essa discussão ao mostrar que a distribuição dessas línguas, em termos de semelhanças de cognatos, se parece muito mais com um arbusto que com o modelo clássico de árvore. Tal configuração é, por sua vez, compatível com uma hipótese que postule que a expansão antiga dos grupos falantes de línguas arawak foi rápida e levou à colonização quase simultânea de áreas distantes entre si, o que, por sua vez, é compatível também com o padrão de distribuição ampla e aparentemente simultânea – em termos arqueológicos – de sítios com materiais Pocó-Açutuba no primeiro milênio EC.

O DESAPARECIMENTO DAS OCUPAÇÕES POCÓ-AÇUTUBA NA AMAZÔNIA CENTRAL

No século VII EC não há mais sítios, camadas ou contextos associados a cerâmicas Pocó-Açutuba. A partir dessa época, é visível um processo de mudança lento, mas cumulativo, manifestado pela presença exclusiva de camadas e contextos associados às fases Manacapuru e Paredão. No momento, a data mais antiga disponível para a fase Manacapuru é do início do século V EC (Hilbert 1968). Nos séculos VI e VII EC, camadas Manacapuru vão ficando cada vez mais visíveis e maiores, até atingir proporções realmente grandes no fim do primeiro milênio. Tais ocupações são normalmente ligadas a solos de terras pretas.

As semelhanças entre as cerâmicas Pocó-Açutuba e as cerâmicas da fase Manacapuru são grandes o suficiente para que se postule uma relação histórica entre elas. Entre os elementos decorativos, formais e tecnológicos em comum há: o uso do cauixi como tempero, da construção de flanges labiais como suporte para a decoração plástica modelada, e da incisão como elemento decorativo primordial. Notável, no entanto, na cerâmica Manacapuru é a diminuição drástica do uso da policromia – embora a pintura continue presente –, com uma redução significativa da paleta cromática. Em geral, vasos Manacapuru são mais sóbrios que os vasos Açutuba, em contrapartida a um esmero maior na produção da pasta, que é menos friável, e na queima, que produziu vasos com maior dureza.

Se de fato houve um processo de transição entre Pocó-Açutuba e Manacapuru na Amazônia central, essa deve ter sido a manifestação local de uma história de longo prazo, sem rupturas marcantes nas formas de vida. Com efeito, as poucas evidências disponíveis até o momento apontam para algo do tipo, uma história quase milenar, de 300 AEC a 600 EC, com poucas mudanças visíveis, típica de sociedades frias, conforme a definição de Lévi-Strauss em *O pensamento selvagem* (1962). Tais regimes de historicidade, conforme se verá a seguir, são bastante diferentes dos de outras sociedades indígenas que posteriormente deixaram registros na Amazônia central, nas quais a história e o próprio tempo parecem operar em ritmo mais acelerado.

Os indígenas que produziram cerâmicas Pocó-Açutuba eram grupos que exploravam e manejavam a Amazônia com uma tecnologia aparentemente nova para a época, que deveria incluir uma ênfase maior no cultivo de plantas domesticadas. Essa tecnologia permitiu que se espalhassem por uma grande área, ocupando locais antes vazios ou previamente habitados por populações culturalmente distintas. Não há até o momento evidências que mostrem a associação entre conflitos e os contextos Pocó-Açutuba, o que sugere o estabelecimento, nos casos de grupos que já habitavam anteriormente essas áreas, de algum tipo de relação horizontal que permitia a incorporação desses povos por relações de comércio ou casamento, como se vê atualmente em áreas que têm influência de grupos arawak em sua ocupação, como é o caso do alto rio Negro e do alto Xingu.

CAPÍTULO 4

MONTÍCULOS, TERRAS PRETAS E CEMITÉRIOS

A partir do século VI EC, assentamentos com cerâmicas da fase Manacapuru se tornam mais frequentes e visíveis no registro arqueológico da Amazônia central. Foi também a partir dessa época que a formação de terras pretas passou a ser mais comum, tornando-se, até o início da colonização europeia, uma característica marcante da história da região. A pesquisa arqueológica estabeleceu que a área de confluência dos rios Negro e Solimões foi ocupada simultaneamente por grupos que produziram cerâmicas das fases Manacapuru e Paredão. Tais cerâmicas têm sido foco, respectivamente, de estudos exaustivos de Helena Pinto Lima (2008) e Claide de Paula Moraes (2007), autoridades no tema. Por essa razão, a discussão aqui apresentada, sobretudo no que se refere às cerâmicas, se beneficiará dessas pesquisas.

Boa parte das informações disponíveis sobre a arqueologia Manacapuru vem da escavação de alguns sítios localizados entre os rios Manacapuru e Negro, na margem norte do Solimões – são eles os sítios Osvaldo, Açutuba, Hatahara e Cachoeira. Sítios com materiais da fase Paredão, por sua vez, são muito mais frequentes na área e incluem: Lago do Limão, Pilão, Antônio Galo, Lago Grande, Açutuba, Hatahara, Lago do Iranduba e Laguinho (mapa 3).

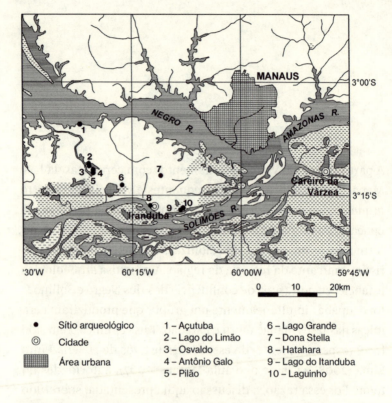

MAPA 3 Sítios na área de confluência dos rios Negro e Solimões. Desenho: M. Brito.

Se considerarmos a área atual da cidade de Manaus, o número de sítios da fase Paredão é ainda maior: alguns dos principais marcos urbanos da cidade estão assentados sobre depósitos arqueológicos dessa fase, como é o caso das praças Dom Pedro II e da Saudade, localizadas no Centro. De fato, o viajante francês Paul Marcoy, ao passar por Manaus em meados do século XIX, notou, na atual praça Dom Pedro II, o afloramento de um conjunto de urnas, que registrou em uma gravura de seu diário de viagem. O material dessa praça, classificado por Hilbert nos anos 1950 como parte do "sítio Manaus", tem sido escavado assistematicamente ao longo dos anos, o que, somado aos impactos sofridos pelo sítio por conta do crescimento da cidade, reduz muito seu potencial informativo. Ainda em Manaus, foi localizado por Hilbert (1968) o próprio sítio Paredão, situado na estrada homônima, próximo ao Aeroporto de Ponta Pelada, às margens do rio Negro, mas hoje destruído.

Finalmente, também em Manaus se identificou, em 2003, o sítio Nova Cidade, um grande sítio da fase Paredão localizado longe dos rios Negro e Amazonas, um dado significativo por mostrar a presença de assentamentos amplos em áreas de terra firme (mapa 3). O sítio foi, no entanto, completamente destruído para a construção de um conjunto habitacional. Após a realização da terraplenagem, em um esforço para estimar o impacto sofrido pelo sítio, identificou-se a base de cerca de duzentas urnas ou vasos depositados *in situ*, mas esmigalhados pelas máquinas.

AS CERÂMICAS MANACAPURU E PAREDÃO

As cerâmicas das fases Manacapuru e Paredão foram classificadas dentro da tradição Borda Incisa (Meggers & Evans 1961; Hilbert 1968). Embora encontradas em épocas concomitantes na área de confluência, e apesar de visíveis semelhanças entre esses dois complexos, as diferenças entre essas cerâmicas são bem marcadas. Cerâmicas Manacapuru têm um conjunto de vasos de contorno simples, com tempero preponderante de cauxi e algumas características formais e decorativas marcantes que incluem: o uso de flanges labiais como base para decorações incisas retilíneas ou curvilíneas, em linhas simples ou paralelas; a presença de lábios planos, cortados por espátula ou outro instrumento semelhante; a presença de decorações incisas, também retilíneas ou curvilíneas, em linhas simples ou paralelas, na parte superior da borda (por isso "borda incisa"). A pintura também ocorre, mas com um repertório cromático limitado, restrito ao vermelho. É também comum a presença de apêndices modelados, zoomorfos ou antropomorfos, que podem ocorrer de duas maneiras: aplicados ao lábio ou à borda, ou como "falsos apêndices", projeções do lábio formadas pela retirada da pasta nas áreas adjacentes ao ponto que se quer destacar. Urnas funerárias também foram produzidas e consistem em vasos de contorno simples, às vezes com decoração incisa na borda e pintura vermelha. Cerâmicas Manacapuru são normalmente bem queimadas. As semelhanças entre elas e as da fase Açutuba são notáveis, embora entre as mais antigas a decoração pintada e modelada seja mais abundante do que entre as mais recentes.

Cerâmicas Paredão, por sua vez, têm como caraterística mais visível o grande apuro tecnológico em sua produção. Vasos Paredão são feitos a partir de uma pasta dura e compacta, temperada com cauixi, mas também com carvão, e são bem queimados, a ponto de se poder identificar, sem deixar margem a dúvidas, um fragmento Paredão mesmo na ausência de decoração plástica ou pintada. Esses tipos de decoração estão igualmente presentes e incluem incisões retilíneas e curvilíneas, embora com padrões distintos das incisões encontradas nas cerâmicas Manacapuru. No caso dos materiais Paredão, por exemplo, um padrão típico é a incisão de espirais na face interna de algumas categorias de vaso. Espirais pintadas em linhas vermelhas finas são também comuns. O mesmo vale para o uso de gregas, que podem ser pintadas em linhas finas ou incisas em linhas mais grossas (Figura 12).

O elemento decorativo mais visível da fase Paredão são os apêndices antropomorfos ou zoomorfos globulares, aplicados nos ombros das urnas funerárias e em outros tipos de vaso. O sepultamento em urnas se torna mais frequente nesses casos e é notável como grandes urnas, com mais de 100 centímetros de altura, foram construídas com paredes tão finas.

FIGURA 12 Vasos da fase Paredão parcialmente reconstituídos por Claide Moraes, sítio Antônio Galo. Foto: Claide Moraes.

TERRAS PRETAS NA HISTÓRIA DA OCUPAÇÃO DA AMAZÔNIA

Terras pretas são solos escuros, geralmente bastante negros, que podem ter uma textura "oleosa" e se desenvolvem em diferentes substratos minerais e contextos geomorfológicos. Há terras pretas em solos arenosos, em solos argilosos, no topo de platôs ou em planícies aluviais. Terras pretas são quase invariavelmente acompanhadas por materiais culturais, normalmente fragmentos de cerâmicas, que podem se acumular em grandes quantidades na superfície. Suas dimensões são variáveis e vão, na área de confluência, de menos de 1 hectare a 90 hectares de área, como é o caso do sítio Açutuba.

As profundidades também podem variar, de cerca de 40 a 270 centímetros. Se sua composição e substrato físicos podem variar, terras pretas têm algumas características químicas interessantes e ainda pouco conhecidas: em primeiro lugar, e mais importante, são solos bastante estáveis que não perdem fertilidade mesmo sob as condições climáticas das zonas tórridas equatoriais. Sabe-se que, normalmente, solos tropicais têm uma limitação em sua capacidade em reter nutrientes, devido à intensa lixiviação. Terras pretas conseguem manter condições de alta fertilidade, bem superiores às de solos adjacentes, ao longo dos anos. Por isso, são procuradas por moradores locais e é comum que áreas de roça sejam abertas sobre sítios arqueológicos. Entre os elementos químicos que compõem terras pretas, há alta quantidade de carbono, zinco e fosfatos. Por causa da alta fertilidade, é também comum que roças formadas em áreas de terras pretas sejam cultivadas continuamente por muitos anos. Outra característica química importante dos solos de terra preta é seu pH quase neutro, ao contrário de solos tropicais típicos, que têm pH normalmente ácido. O pH neutro oferece uma série de propriedades relevantes para a agricultura contemporânea, mas também estabelece condições ideais para a preservação de vestígios orgânicos nos sítios arqueológicos. Por essa razão, sítios com terras pretas são verdadeiras cápsulas de informação concentrada, às vezes de maneira bastante pontual em feições (Figura 13).

FIGURA 13 Sítio Laguinho – perfil com feições no qual se nota o contraste entre a terra preta e o latossolo amarelo típico da região. Foto: Eduardo G. Neves.

Os materiais culturais presentes nas terras pretas são de origem variada: há cerâmicas de diferentes idades e tipos, materiais líticos e restos abundantes de animais e plantas. Terras pretas não foram, desse modo, "propriedade" ou "autoria" de um grupo cultural específico, ainda que sua dispersão inicial possa ser associada aos sítios da tradição Pocó-Açutuba. Embora presentes em grande parte da bacia amazônica (Kern et al. 2003), é notável sua ausência em algumas áreas, como a bacia do alto Juruá, no Amazonas e no Acre, região onde não se cultiva mandioca-brava nem castanha-do-pará.

Embora haja ainda muita discussão sobre sua origem, e sobre se resultam ou não de uma ação intencional de produção, a maioria das arqueólogas e dos arqueólogos interpreta a formação de terras pretas como consequência de um processo de sedentarização que ocorreu ao longo da calha do Amazonas no início da era comum (Neves et al. 2003; Petersen et al. 2001). Há, no entanto, evidências de terras pretas formadas em períodos mais antigos. Conforme já discutido, na caverna da Pedra Pintada, ocupada há mais de 11 mil anos, localizada próximo à margem esquerda do rio Amazonas, em Monte Alegre, os perfis estratigráficos mostram uma camada escura, certamente antrópica, associada a dezenas de datas que a posicionam na transição do Pleistoceno ao Holoceno, portanto há mais de 10 mil anos.

Há também um padrão emergente, que parece indicar que terras pretas se formaram inicialmente em áreas periféricas na bacia amazônica, muito antes de se tornarem visíveis nas áreas adjacentes ao próprio Amazonas-Solimões e aos baixos cursos de seus principais afluentes. No rio Jamari, bacia do alto Madeira, por exemplo, há depósitos com materiais líticos lascados e polidos, incluindo machados, mas sem cerâmicas, associados à fase Massangana, datados de cerca de 3500 AEC (Miller et al. 1992). Na margem norte do rio Madeira, próximo à cachoeira de Santo Antônio, a montante de Porto Velho, identificaram-se depósitos Massangana também com terras pretas e datas ainda mais antigas que chegam também a cerca de 5500 AEC (Watling et al. 2018). Ainda na bacia do Madeira, a escavação do sítio Dardanelos, junto à cachoeira homônima, no rio Aripuanã, indicou também a presença de depósitos densos, com grande quantidade de cerâmicas – incluindo urnas funerárias –, associados a camadas espessas de terra preta e datados de cerca de 500 AEC. Finalmente, na bacia do Madeira, as escavações realizadas por Miller e posteriormente pelo Arqueotrop no sambaqui Monte Castelo revelaram a presença de terras pretas datadas de cerca de 2200 AEC (Pugliese et al. 2018). Na periferia norte da Amazônia, um padrão análogo parece estar sendo revelado por escavações realizadas na Guiana que indicam a presença de terras pretas datadas de cerca de 4000 AEC (Heckenberger, comunicação pessoal).

O quadro acima esboçado pode ser interpretado de duas maneiras. Ele pode revelar que a história da Amazônia a partir do Holoceno Médio foi caracterizada pelo adensamento demográfico e por mudanças paisagísticas ocorridas inicialmente nas periferias da bacia e posteriormente na sua porção central, nas áreas adjacentes ao rio Amazonas-Solimões e aos baixos cursos de seus principais afluentes. Nesse sentido, é importante ressaltar que, no momento, as áreas da Amazônia com as histórias mais longas e contínuas estão localizadas na bacia do alto rio Madeira, em sua periferia sudoeste, e na região do estuário, que na verdade é o encontro de dois grandes biomas: a Amazônia e o oceano Atlântico equatorial.

Também é possível que o aumento das chuvas ocorrido a partir de 2000 AEC tenha levado, simultaneamente, ao aumento da erosão em áreas mais altas, como os topos de platôs adjacentes aos grandes rios; ao aumento da intensidade da deposição ao longo das planícies aluviais; e também, em linhas gerais, ao aumento das dinâmicas erosivas e deposicionais no contexto das grandes planícies aluviais e suas áreas de entorno, propiciando assim a destruição dos sinais de ocupação do Holoceno Médio. A questão permanece em aberto, embora minha própria opinião, puramente especulativa a esta altura, tenda a favorecer a primeira alternativa.

Terras pretas são conhecidas pela ciência desde o século XIX, graças aos trabalhos pioneiros de Hartt e Katzer. Ao longo de boa parte do século XX, com exceção dos trabalhos arqueológicos de Nimuendajú (2004) no baixo e médio Amazonas, esses solos foram pouco estudados e se consolidou na literatura a hipótese de que seriam formações naturais. Na década de 1980, no entanto, dois trabalhos fundamentais contribuíram para uma verdadeira mudança de paradigma que resultou no aumento crescente de pesquisas sobre o tema. O primeiro foi um artigo publicado pelo geógrafo Nigel Smith (1980), no qual ele chama a atenção para o fenômeno e apresenta a hipótese de que terras pretas tiveram uma origem antrópica, e não natural. O segundo, na verdade uma série de trabalhos, foi o conjunto de publicações de autoria de Dirse Kern, geoarqueóloga do Museu Paraense Emílio Goeldi, que se dedicou a estudar detalhadamente a química das terras pretas, também com resultados que apoiavam a hipótese de uma origem antrópica.

A par do interesse científico que têm, estudos de terras pretas são importantes porque, confirmada sua origem antrópica, esses solos proveem a melhor evidência disponível para a validação empírica, ao menos do ponto de vista da arqueologia, para os princípios da ecologia histórica. Cabe aqui lembrar que o artigo que define os princípios do determinismo ambiental para a arqueologia da Amazônia tem como elemento estruturador a hipótese de que a baixa fertilidade dos solos amazônicos, aliada à aparente impossibilidade de aprimorá-los, seria o fator limitante por excelência que determinaria o surgimento do padrão de agricultura itinerante característico das culturas de floresta tropical (Meggers 1954). A constatação, portanto, de que foram modificados pela atividade humana no passado atingiria em cheio as premissas do determinismo ambiental, invalidando-o por completo. Há, no entanto, uma grande confusão conceitual no momento nos estudos de terras pretas. Tal confusão resulta, em parte, da maneira como o uso pretérito desses solos tem sido interpretado e das próprias dificuldades relacionadas à realização de pesquisas interdisciplinares. Solos são matrizes de componentes minerais e orgânicos que estabelecem relações dinâmicas com os usos que deles se fazem e com as coberturas vegetais que sobre eles se formam. É, portanto, natural que o estudo dos solos seja feito por perspectivas interdisciplinares, embora seja dominado de fato por pedólogos com formação em agronomia. No caso de terras pretas, a interdisciplinaridade não é uma opção, mas uma imposição, uma vez que elas resultaram de atividades humanas no passado. Terras pretas são, antes de tudo, sítios arqueológicos.

Talvez por causa da formação em agronomia, geologia ou botânica de boa parte das cientistas e dos cientistas que as estudam, e por seu grande potencial agrícola no presente, o fato de terem sido criadas pela atividade humana, aliado à sua alta fertilidade, tem levado a interpretações das terras pretas como resultado do manejo intencional dos solos, com vistas a criar condições mais propícias para a agricultura no passado. Curiosamente, tal perspectiva é muito mais forte entre cientistas naturais que entre arqueólogas e arqueólogos, que seriam, como cientistas sociais, mais bem qualificados para entender as práticas pretéritas relacionadas à criação e ao manejo desses solos. De fato, as autoras e os autores que propõem uma origem deliberada da terra preta, como solução para problemas de escassez, trabalham com uma premissa no fundo muito parecida com a do determinismo ambiental: a de que as condições naturais amazônicas não seriam propícias à formação de assentamentos estáveis e ao adensamento demográfico. Nessa perspectiva, ao gerar o aprimoramento do solo, a formação de terras pretas permitiria o estabelecimento de assentamentos sedentários e permanentes com economias baseadas na exploração agrícola dos solos antropizados. Tal modelo tem como raiz os trabalhos pioneiros de Wim Sombroek (Woods et al. 2009) na região do platô de Belterra, no baixo Tapajós, onde extensas áreas de terra preta – correspondendo aos locais de habitação – são circundadas por áreas ainda maiores de solos escuros, mas sem vestígios cerâmicos, as "terras marrons" que corresponderiam às áreas de cultivo circundando os assentamentos.

Sem contar as questões conceituais relacionadas a temas como escassez e abundância na Amazônia, já anteriormente discutidas, o problema com essa perspectiva é que, ao menos na Amazônia central, terras pretas se formaram em locais de habitação, nas aldeias, e não em locais destinados à agricultura. Ao longo dos anos, por meio dos exaustivos e demorados trabalhos de mapeamento de sítios desenvolvidos pelo PAC, percebeu-se que a profundidade das terras pretas varia consideravelmente dentro dos próprios sítios, algo natural para a arqueologia. Terras pretas são sítios arqueológicos, uma vez que sítios arqueológicos são conjuntos de contextos mais ou menos articulados que representam, direta ou indiretamente, atividades humanas no passado. No caso dos sítios de terra preta da Amazônia central, é surpreendente, ao contrário das expectativas para regiões tropicais equatoriais, a qualidade da preservação dos contextos, o que permitiu que se identificassem, por exemplo, áreas de atividade distintas, incluindo áreas de habitação e circulação nos sítios. Nesses últimos casos, as terras pretas são normalmente menos profundas do que nos primeiros.

Esse tipo de evidência, ao menos na área de confluência, aponta para uma relação direta e causal entre profundidade de depósitos de terras pretas e áreas de habitação, o que confirma a hipótese de que esses solos se formaram de início pelo acúmulo de refugo orgânico doméstico, e não intencionalmente, como estratégia de aprimoramento.

Se as diferenças de profundidade nos depósitos de terras pretas estão ligadas a diferentes atividades relacionadas à habitação dos sítios, o ritmo e o tempo de formação dos depósitos também variaram. Smith (1980), em seu trabalho inovador, propôs a hipótese de que cada centímetro de terra preta corresponderia a cerca de dez anos de ocupação de um local. Nesse sentido, depósitos com, por exemplo, 70 centímetros de profundidade corresponderiam a registros de cerca de setecentos anos. Escavações no sítio Osvaldo, seguidas pela datação exaustiva dos perfis expostos, mostraram, no entanto, um processo muito mais rápido, com duração de poucas décadas (Neves et al. 2004).

A hipótese de que terras pretas foram formadas com a intenção de aprimorar as condições naturais de solos pobres foi consideravelmente abalada pela constatação de que elas ocorrem também nas áreas de várzea do rio Solimões (Macedo et al. 2019). As várzeas do Solimões, um rio de águas brancas, estão entre as regiões de solos naturalmente mais férteis em todas as áreas tropicais do planeta. Isso ocorre porque, todos os anos, as cheias do Solimões e do Amazonas alagam suas planícies aluviais e ali depositam sedimentos de origem andina, recentes e ricos em nutrientes. Por essa razão, várzeas de rios de água branca – rios que têm nascentes ou áreas de captação nos Andes ou em regiões próximas a eles, como o Solimões-Amazonas e o Madeira – têm solos bastante férteis e amplamente utilizados para a agricultura no presente (Shorr 2000). Se há alguma limitação à agricultura nesses solos, ela vem muito mais da imprevisibilidade das cheias desses grandes rios do que propriamente de limitações em termos de fertilidade (Meggers 1996). Esse tipo de evidência, no entanto, foi erroneamente interpretado em um trabalho recente na área da geologia e da pedologia (Silva et al. 2021) no qual, ignorando boa parte da produção científica das últimas décadas, foi proposta uma vez mais a hipótese de formação natural desses solos. Enfim, parece que essa questão está ainda longe de ser resolvida.

Quem trabalha em sítios de terras pretas como os da Amazônia central está acostumado a passar semanas dentro de unidades de escavação cuja matriz é composta por esses solos escuros. É inevitável, ao fim de um dia de trabalho, que mãos e roupas estejam escurecidas, cobertas por uma mistura de terra preta e suor. Os povos indígenas que habitaram os sítios de terra preta da Amazônia central no fim do primeiro milênio EC devem ter tido uma experiência semelhante: provavelmente seus pés estavam sempre escuros e é também provável que as crianças tivessem a pele constantemente escurecida pelo preto do solo, que às vezes forma quase uma tinta. Nessa associação entre a coloração do solo e áreas de habitação, é provável que a cor negra da terra estivesse associada a noções de casa, habitação e espaços domésticos. Terras pretas fizeram parte da história dos povos indígenas durante mais de mil anos na Amazônia central e ainda desempenham um importante papel nas vidas das populações ribeirinhas.

Esses solos estão entre os testemunhos mais permanentes e duradouros da presença humana na região, mas também o eram para os diferentes grupos indígenas que a habitaram no passado. Estudos demonstram uma tendência de concentração de alguns tipos de plantas em solos de terra preta (Junqueira et al. 2011). É óbvio que os povos antigos da região tinham ciência dessa propriedade e dela deveriam se utilizar para construir seus próprios conceitos sobre o significado desses espaços, que, revestidos de simbolismo, constituíam "lugares" cheios de significado (Neves 2005). Seria maravilhoso se se pudesse fazer, paralelamente à escavação física desses sítios, uma espécie de recuperação de como seus diferentes significados se modificaram ao longo dos séculos.

TERRAS PRETAS EM SÍTIOS MANACAPURU E PAREDÃO

A presença de terras pretas em quase todos os sítios conhecidos das fases Manacapuru e Paredão indica que esses eram assentamentos sedentários, fato corroborado pelas datações de carbono 14 neles realizadas, mostrando, em alguns casos, ocupações permanentes com centenas de anos de duração (Moraes & Neves 2012; Neves et al. 2004; Neves & Petersen 2006). Por "permanentes" entendem-se, aqui, ocupações nas quais uma boa parte do ciclo anual deveria ser passada nos assentamentos, sobretudo no inverno, quando o nível dos rios sobe consideravelmente, as praias e lagos desaparecem e as águas tomam conta das planícies, afogando as várzeas e os igarapés. No verão, é provável que grupos familiares, de idade ou clã abandonassem as aldeias para acampar nas praias, coletando ovos de tracajá e pescando, nessas que são as estações de fartura na Amazônia.

Além da formação de terras pretas, há outros sinais que corroboram essa hipótese: a construção de casas em aldeias de formato circular ou em ferradura e a construção de montículos artificiais. A esses dois elementos pode-se também acrescentar a abertura de centenas de feições. Essas estruturas e feições mostram, nessa época, uma formação regular e disciplinada das aldeias, constituindo uma espécie de gramática do uso do espaço, sem dúvida repleta de significados simbólicos. Desde os trabalhos precursores de Reichel-Dolmatoff (1971) e Stephen Hugh-Jones (1985), sabe-se como, no noroeste da Amazônia, a construção e o uso das grandes malocas multifamiliares se dá a partir de uma série de princípios segundo os quais essas casas atuam como metonímia do universo (Hugh-Jones 1995). No Brasil central, "pátria" por excelência das aldeias circulares etnográficas tão bem descritas na literatura e associadas a grupos falantes de línguas da família macro-jê (Maybury-Lewis 1979), sabe-se que a construção com rígida geometria dessas aldeias, pontos fixos no universo, incorpora, emula e estrutura as relações sociais.

As evidências de que os sítios Manacapuru eram aldeias circulares ou em forma de ferradura vêm dos resultados consistentes obtidos nos mapeamentos feitos em campo. Já se discutiu brevemente como a variabilidade estratigráfica dos depósitos de terras pretas corresponde a diferentes áreas de atividade. É notável como, em muitos desses sítios, as áreas de atividade, com concentrações muito superiores de cerâmica e terras pretas mais profundas, compõem setores mais ou menos discretos e bem discrimináveis dispostos ao longo de áreas com muito menos cerâmicas e solos antrópicos menos profundos. Tal padrão é visível, por exemplo, no sítio Osvaldo, uma aldeia Manacapuru habitada no início do século VII EC.

A ocupação do sítio Osvaldo ocorreu simultaneamente a pelo menos outros três, na segunda metade do século VII EC, de 650 a 690, na área de confluência. Enquanto Osvaldo é um sítio Manacapuru unicomponencial, Hatahara e Açutuba são sítios multicomponenciais, com estratigrafias bastante complexas. Lago Grande, por sua vez, é um sítio essencialmente Paredão, apesar de ter em sua base uma camada da fase Açutuba e fragmentos de cerâmicas Guarita na superfície. Em todos esses sítios, mesmo nos multicomponenciais, é visível a disposição de concentrações de cerâmicas ou montículos formando arranjos circulares ou em forma de ferradura associados aos contextos Paredão.

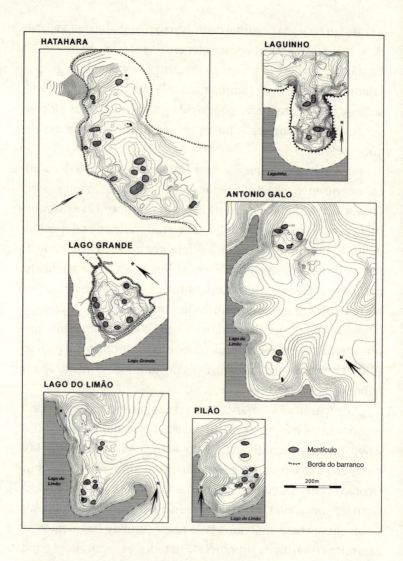

FIGURA 14 Plantas de sítios indicando concentrações de montículos e cerâmicas em estruturas circulares ou semicirculares (exceto Laguinho). Desenho: Marcos Brito.

Na região do lago do Limão, Claide Moraes (2007) fez um exaustivo levantamento identificando cerca de quinze sítios, a maioria deles com materiais Paredão. Em alguns desses sítios, além de Osvaldo, é notável a formação de montículos circulares, conforme se pode ver nos sítios Antônio Galo e Lago do Limão (Ibid.). Nesses casos, as estruturas circulares compõem apenas uma parte dos sítios, geralmente em suas extremidades, como se formassem "bairros" ou setores bem delimitados em assentamentos de médio e grande porte.

Em outros casos, como o do sítio Lago Grande, a totalidade da aldeia tinha um formato circular, localizada em uma península adjacente ao lago homônimo.

Na área de confluência, há, portanto, uma clara associação entre a formação de aldeias circulares e aldeias Manacapuru e Paredão contemporâneas. Em alguns casos, a distância entre sítios com cerâmicas diferentes é bastante pequena, como é o caso de Lago Grande e Osvaldo, que distam um do outro menos de 5 quilômetros em linha reta, em uma viagem que se pode realizar por uma rede de lagos de várzea durante as épocas de cheia. É interessante notar como em Lago Grande, por exemplo, há uma presença pequena, mas regular, de fragmentos Manacapuru ao longo de todo o depósito, enquanto no sítio Osvaldo ocorre o oposto. Mongeló (2011) mostrou como, no sítio Lago Grande, há uma presença pouco consistente de material Manacapuru, ante a grande preponderância de material Paredão, com um pequeno aumento na frequência de materiais Manacapuru na base. No sítio Osvaldo, por outro lado, Chirinos (2007) mostrou como, em uma das unidades, havia, ao longo da sequência, uma frequência de cerca de 13% de materiais Paredão em meio a um depósito com predominância de cerâmicas Manacapuru.

As evidências de circulação regional de cerâmicas, aliadas à forma comum e à contemporaneidade desses assentamentos, indicam a presença na região, do século VII ao século IX EC, de um sistema regional multiétnico semelhante, por exemplo, ao verificado atualmente nas bacias do alto rio Negro e do alto Xingu. Na raiz dessa hipótese está a premissa de que as diferenças entre as cerâmicas Manacapuru e Paredão corresponderiam, ao menos no início da formação desse sistema, a grupos étnicos distintos.

A tentativa de correlação entre padrões no registro arqueológico e grupos étnicos ou linguísticos é antiga e remonta pelo menos aos trabalhos de Gordon Childe na década de 1920. Desde os anos 1960, arqueólogas e arqueólogos estão conscientes de que a associação simples entre padrões no registro arqueológico e padrões etnográficos ou etno-históricos é altamente problemática. A literatura etnográfica das terras baixas da América do Sul está repleta de exemplos de sistemas regionais multilinguísticos, em que grupos que falam diferentes idiomas partilham, por exemplo, o uso dos mesmos tipos de cerâmicas e ocupam aldeias com formas semelhantes. Tais exemplos mostram que não há nenhuma correlação simples entre o funcionamento dinâmico de sistemas sociais e a dimensão estática do registro arqueológico. No caso particular da Amazônia e do norte da América do Sul, a literatura histórica tem evidências de que no século XVI EC, e em algumas áreas até no presente, grupos indígenas locais foram regionalmente integrados em redes multiétnicas, incluindo a produção especializada e a troca de bens, a mobilização para a guerra e a condensação periódica em formações sociais hierarquizadas (Biord-Castillo 1985; Butt-Colson 1973). Esses processos ensejavam também o desenvolvimento de línguas francas, apesar da padronização na cultura material gerada por redes de troca. É provável, de fato, que muitas das formações amazônicas sociais nos quinhentos anos que precederam a conquista europeia tenham apresentado esse padrão estrutural geral (Neves 2008a). Talvez a região onde isso é mais óbvio seja a do atual estado do Amapá e a ilha de Marajó.

Desde pelo menos os anos 1960, há inúmeros estudos de caso que demonstram que não existe uma correlação universal entre língua e cultura material. Tais estudos geraram algumas das grandes mudanças teóricas sofridas pela arqueologia anglo-americana no período: o desenvolvimento das abordagens processual e pós-processual. Por essa razão, arqueólogas e arqueólogos se distanciaram da tentativa de estabelecer correlações quanto às fronteiras étnicas no passado com base no registro arqueológico, a partir da premissa de que o comportamento cultural varia em uma resolução muito mais fina do que se poderia observar a partir das dimensões normalmente mais grosseiras do registro arqueológico. É, portanto, de se esperar que a busca de correlações entre grupos linguísticos e o registro arqueológico de várzea da América do Sul seja uma tentativa vã. Por um lado, a literatura etnográfica mostra os problemas metodológicos claros dessa abordagem. Por outro, arqueólogas e arqueólogos parecem ter pouco interesse em segui-la.

O problema em abandonar qualquer tipo de correlação nesse sentido é que, sem elas, é praticamente impossível estabelecer um diálogo entre a antropologia social e a arqueologia para entender a história antiga das terras baixas da América do Sul. É, assim, importante retornar à literatura arqueológica para verificar como esse problema metodológico está sendo tratado em outros contextos culturais, geográficos e cronológicos. Por outro lado, o abandono da análise cerâmica como única fonte de informação para mapear a diversidade cultural no passado e a incorporação de outras dimensões de variabilidade, como tamanho e forma dos assentamentos e cronologias regionais, mostram a possibilidade de verificação de que, em alguns casos, fases ou tradições cerâmicas covariam, em sequências regionais, com mudanças na forma e nos padrões de assentamento. Tais diferenças, quando baseadas em diferentes linhas de evidência, podem ser interpretadas como o registro de diferentes grupos étnicos ou sistemas regionais no passado (Neves 2010).

É notável, neste século, uma retomada de estudos que procuram correlacionar padrões no registro arqueológico a padrões linguísticos no passado (Anthony 2007; Renfew 2000; Kirch 1997). Anthony (2007), em um exaustivo estudo sobre as origens e expansões de grupos falantes de línguas da família indo-europeia, incorporou uma série de conceitos da geografia humana e reciclou conceitos antigos da arqueologia para propor uma hipótese sobre o centro de origem dos falantes dessas línguas. Um dos conceitos antigos da arqueologia apropriado por ele foi o de "cultura arqueológica", proposto na primeira metade do século XX por Gordon Childe.

O conceito de cultura arqueológica já foi apresentado na discussão do contexto da tradição Pocó-Açutuba e sua potencial correlação com grupos falantes de línguas da família arawak.

No caso dos sítios posteriores, associados às fases Manacapuru e Paredão, a aplicação desse conceito pareceria mais problemática, uma vez que, embora apresentassem um padrão semelhante de formação de aldeias circulares, esses grupos tinham cerâmicas distintas e mantiveram tais diferenças ao longo de pelo menos dois séculos de convivência concomitante na área. O exame da cronologia e das semelhanças e diferenças entre cerâmicas pode ajudar a resolver esse dilema. Primeiramente, as ocupações Manacapuru são mais antigas na área de confluência que as Paredão. Em segundo lugar, pode-se estabelecer com muito mais facilidade uma conexão entre as cerâmicas Manacapuru e Açutuba que entre as cerâmicas Paredão e Açutuba. Esses fatores indicam quase certamente que há continuidade histórica entre as cerâmicas Açutuba e Manacapuru e que os grupos que produziam cerâmicas Paredão se estabeleceram na área a partir de outro local.

As pesquisas de Claide Moraes no baixo Madeira, na região de Borba, têm trazido evidências de sítios com cerâmicas semelhantes às Paredão, denominadas localmente como Axinim (Simões & Lopes 1987) e datadas do século II EC (Moraes & Neves 2012). Há, portanto, evidências para se propor que, em algum momento em meados do primeiro milênio EC, grupos que produziam cerâmicas Paredão chegaram à Amazônia central, já previamente habitada por grupos que produziam cerâmicas Manacapuru, e que tais grupos, a princípio distintos, estabeleceram relações horizontais e simétricas que por fim conduziram ao desenvolvimento de um sistema regional multiétnico pautado na circulação de cerâmicas e no compartilhamento de uma mesma cosmologia baseada na habitação de aldeias circulares. É também bastante provável que a exogamia provesse a base social para o funcionamento desse sistema, mas ainda não há evidências arqueológicas para apoiar tal hipótese, como ainda não há condições de se determinar a cronologia do início da formação de aldeias circulares.

Na literatura arqueológica das terras baixas, conceitos como "sistemas regionais" ou "redes regionais" têm sido utilizados de maneira bastante produtiva como recursos para explicar formas de articulação entre grupos locais distintos sem que se recorra à tipologia neoevolucionista clássica que contrapõe, por exemplo, tribos a cacicados (Heckenberger & Neves 2009). Tais redes, no entanto, não surgiram do além, e cabe à arqueologia identificar o contexto histórico no qual inicialmente se formaram. Já se discutiu anteriormente como a virada do primeiro milênio AEC para o primeiro milênio EC foi uma época de mudanças sociais profundas nas terras baixas (Neves 2010). É no contexto desse quadro geral de mudanças que se devem buscar as primeiras manifestações visíveis da constituição de redes regionais. Na área de confluência, isso ocorreu na metade do primeiro milênio EC, por meio da articulação entre grupos Manacapuru e Paredão.

O fenômeno de constituição de redes regionais não ocorreu apenas nas terras baixas da América do Sul; pelo contrário, desde Malinowski, é da Melanésia que vêm os exemplos mais conhecidos. Anthony (2007: 105) mostra como, na história de regiões habitadas por diferentes grupos linguísticos, há uma tendência, ao longo do tempo, de emergência de homogeneização na cultura material, mesmo com a persistência da diversidade de línguas. Esse é o caso do alto Xingu, documentado por Heckenberger (2005: 70–73). O alto Xingu é hoje uma região habitada por povos indígenas que falam línguas profundamente diferentes entre si, mas cujas aldeias compartilham o formato circular e utilizam o mesmo tipo de cerâmica. Heckenberger demonstrou como havia ali, há cerca de mil anos, dois estilos distintos de cerâmicas associados a diferentes tipos de aldeias – provavelmente correlatos de povos falantes de línguas das famílias arawak e carib –, e como essas diferenças na cultura material foram se amalgamando no atual padrão, a despeito da persistência na diversificação linguística. É possível, uma vez mais, vislumbrar uma história semelhante na Amazônia central no primeiro milênio EC. Desde o primeiro milênio AEC, aldeias Pocó-Açutuba se estabelecem na região, com um registro arqueológico marcado, em poucos casos, pela formação de terras pretas. No início do primeiro milênio EC, essas aldeias vão se tornando mais sedentárias, com a consequente formação de depósitos de terras pretas. As cerâmicas retêm algumas características decorativas da fase Açutuba, como a construção de apêndices modelados sobre flanges mesiais e a decoração incisa, mas diminui bastante, por exemplo, o uso da policromia. A pasta, por sua vez, se torna mais dura e homogênea. Essas transformações se formalizam, no século V EC, na chamada fase Manacapuru. A partir do século VII EC, são visíveis os sinais de aldeias com cerâmicas da fase Paredão. Evidências de presença de v Paredão em sítios Manacapuru e vice--versa mostram que esses grupos estabeleceram relações de troca entre si. A ausência de estruturas defensivas associadas a esses contextos indica também que tais relações eram aparentemente pacíficas. Ao longo de pelo menos dois séculos, esses grupos ocuparam a área de confluência, com uma frequência cada vez maior de sítios Paredão. Do final do século X EC em diante, não há mais evidências de ocupações Manacapuru, ao passo que as últimas datas para aldeias Paredão vêm do início do século XIII EC. Ainda não há elementos para explicar o desaparecimento de cerâmicas Manacapuru no registro arqueológico da área de confluência, mas é plausível supor que a rede regional evoluiu para um padrão mais simples, caracterizado pela produção de um único grupo de vasos, embora também seja plausível supor que mais de uma língua fosse falada por esses grupos. Por outro lado, Helena Lima e Claide Moraes apontam para influências mútuas, sobretudo da primeira sobre a segunda, ao longo dessa história. Tal influência é notável, por exemplo, na presença de pequenos apêndices zoomorfos modelados no repertório decorativo plástico da cerâmica Paredão.

A frequência aparentemente maior de sítios Paredão, que são um pouco mais tardios que os da fase Manacapuru, indica que um processo de crescimento demográfico ocorreu na região entre os séculos VII e XI EC.

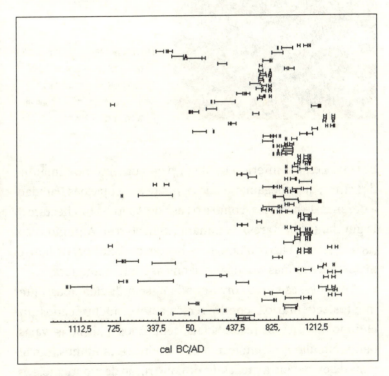

FIGURA 15 Datas radiocarbônicas compiladas para a Amazônia central. A barra inferior, "cal BC/AD", indica anos AEC/EC. Cada linha paralela indica uma data radiocarbônica. O gráfico mostra que há uma concentração maior de datas no intervalo entre 800 e 1200 EC, o que é interpretado como correlato do aumento da população indígena à época.

FIGURA 16 Sítio Laguinho – vista do montículo e detalhe do perfil estratigráfico do montículo sendo preparado para fotografia. Foto: Eduardo G. Neves.

Esse processo é inferido também pelo aumento no tamanho dos sítios, que chegam, no que se refere às ocupações Paredão, a dezenas de hectares, como é o caso de Açutuba (90 hectares), Laguinho (25 hectares), Hatahara (16 hectares), Antônio Galo (15 hectares) e Lago do Limão (15 hectares). Açutuba, de fato, é maior que algumas cidades amazônicas contemporâneas.

Todos esses sítios correspondem, sem dúvida, a assentamentos sedentários, com diversos setores identificados, incluindo montículos residenciais, cemitérios, paliçadas, valas, pátios circulares ou em forma de ferradura e caminhos. Em alguns deles, devido a processos de construção de montículos, os depósitos com terras pretas podem chegar a 270 centímetros de profundidade, como no caso do sítio Laguinho.

Com base nas escavações por ele coordenadas, Márcio Castro (2009) fez uma estimativa do volume de terra e fragmentos cerâmicos necessários para construir os montículos no sítio Laguinho. O montículo 1 tem 180 centímetros de altura, 1750 metros quadrados de área, 167 metros de perímetro e 1320 metros cúbicos de volume. Ainda que especulativa, a projeção dos dados das escavações mostra que para sua construção teriam sido utilizados 7,5 milhões de fragmentos de cerâmica com massa de 80,9 toneladas (Ibid.: 95). No mesmo sítio Laguinho, outro montículo, denominado "Ferradura", tem 150 centímetros de profundidade, 1946 metros quadrados de área, 224 metros de perímetro e 1607 metros cúbicos de volume, o que leva a uma estimativa de 9,13 milhões de fragmentos cerâmicos, totalizando 98,5 toneladas (Ibid.: 96). Os cálculos realizados por Castro são ilustrativos e não devem ser tomados literalmente, mas dão uma dimensão da massa de terra e de fragmentos cerâmicos mobilizados para a construção desses montículos.

O estabelecimento do caráter artificial dos montículos associados à fase Paredão foi feito por Juliana Machado (2005). À época do trabalho de Machado, montículos já haviam sido identificados em diferentes sítios da área de confluência, como Açutuba e Hatahara. Trata-se de elevações de altura variada, podendo chegar a cerca de três metros, que se destacam na paisagem dos sítios. De início, não se sabia se essas estruturas eram ou não artificiais e, se artificiais, se haviam sido construídas deliberadamente ("*mounds*") ou se eram acúmulos, como lixeiras ("*middens*"). Em 1999, a escavação de um desses montículos, no sítio Hatahara, evidenciou a presença de três sepultamentos secundários coletivos em sua base: um em urna, dois diretos.[1]

---

1 Sepultamentos primários são aqueles em que o cadáver é enterrado uma única vez. Sepultamentos secundários ocorrem quando o cadáver é enterrado mais de uma vez. Sepultamentos diretos ocorrem quando não há ataúdes, caixões ou urnas e os corpos são colocados diretamente na terra, às vezes envoltos apenas por tecidos.

Essa descoberta levou à formulação da hipótese de que essas estruturas teriam um caráter funerário, repetindo algo que parecia ocorrer também no sítio Açutuba, onde, em 1997, a escavação de outro montículo revelou, em sua base, a presença de uma urna, embora sem sepultamentos em seu interior. Em 2001, para averiguar o caráter funerário do montículo no sítio Hatahara, foi aberta uma unidade de escavação que revelou uma grande quantidade de sepultamentos, todos eles aparentemente diretos e primários. Mais uma vez, a hipótese funerária para o montículo parecia se confirmar. Aliada a isso, havia também a presença do único sepultamento em urnas no centro do montículo, o que poderia também indicar algum tipo de hierarquia cristalizada nos padrões funerários.

Em 2002 uma nova etapa de escavação se realizou no sítio, dessa vez com o objetivo de conectar, por uma trincheira, as duas unidades previamente abertas, em 1999 e 2001. A abertura da trincheira, surpreendentemente, não revelou a presença de sepultamentos, indicando que havia dois conjuntos funerários distintos sob o montículo. A datação dos sepultamentos confirmou essa hipótese, ao trazer datas distintas para os conjuntos. A partir dessas evidências passou-se a contemplar a hipótese alternativa de que a associação entre os sepultamentos e o montículo seria aleatória, de modo que não haveria uma articulação entre eles. Tal foi, pelo menos, o caso dos sepultamentos escavados em 1999, que são muitos séculos mais antigos que os escavados em 2001. Essa hipótese foi posteriormente confirmada quando se identificaram fragmentos ósseos humanos dentro da própria matriz do montículo, e não abaixo dele, o que mostra que os ossos também foram adicionados como material construtivo. Uma descrição detalhada do complexo contexto funerário do sítio Hatahara pode ser encontrada na dissertação de mestrado de Anne Rapp Py-Daniel (2009).

Do mesmo modo que no sítio Laguinho, os montículos do sítio Hatahara têm uma surpreendente quantidade de fragmentos cerâmicos. A cerâmica, juntamente com a terra preta, foi o principal material construtivo desses montículos. Em outros sítios da fase Paredão, como Antônio Galo, os montículos foram construídos por latossolo amarelado, e no sítio Pilão, próximo a Antônio Galo, latossolo misturado a laterita (Moraes 2007). No sítio Hatahara, a datação detalhada do montículo 1, baseada em uma bateria de amostras retiradas de níveis artificiais de 10 centímetros, mostrou que o processo construtivo foi bastante rápido, já que não há diferença significativa entre as datas da base e do topo do montículo (Neves et al. 2004).

O mapeamento da disposição de montículos – sejam eles de terra e cerâmica, apenas de terra ou de terra e laterita – nos sítios Açutuba, Antônio Galo, Lago do Limão, Lago Grande, Pilão e Hatahara mostra um padrão circular e semicircular em sua distribuição (Moraes & Neves 2012). Esse tipo de configuração básica, no entanto, varia de sítio para sítio. No caso de Lago Grande, toda a aldeia tinha um formato circular, composto dos montículos localizados na periferia delimitando um pátio central (Donatti 2003). Nos casos de Açutuba e Hatahara, identifica-se um padrão semicircular ou de ferradura, com a parte aberta do semicírculo apontando para o sul. Nesses casos, os sítios têm uma área bem maior que a área de distribuição dos montículos, os quais aparentemente ocupavam uma parte central desses assentamentos. No caso de Pilão, a planta do sítio mostra a presença de dois montículos em forma de ferradura interpolados entre si, com a parte aberta do semicírculo também apontando para o sul. Moraes (2007) mostrou de maneira convincente que a composição diferente dos materiais construtivos dos montículos indica um processo de habitação do sítio em dois eventos distintos.

O caso dos sítios Lago do Limão e Antônio Galo é instigante porque são sítios extensos, com formato alongado, situados sobre barrancos às margens de cursos d'água relacionados a um sistema de rios e lagos de várzea da área do lago do Limão. Nas extremidades desses sítios é visível a construção de montículos formando um arranjo circular bem definido, como se fossem "bairros" ou setores bem demarcados. Em ambos os casos, são também visíveis as cavas das quais se extraiu o solo para construir essas estruturas. Na escavação dos montículos do sítio Antônio Galo, Moraes (2013) identificou um contexto fantástico relacionado às atividades construtivas. Ali, na camada abaixo da base dos montículos, que são de terra, há uma série de fogueiras que parecem ter sido apagadas pela deposição das primeiras levas de terra associadas à construção. Trata-se, provavelmente, de uma atividade simbólica associada ao início da construção da estrutura. No mesmo conjunto, em outro montículo, Moraes (Ibid.) identificou também uma camada espessa de fragmentos cerâmicos, como numerosas trempes, que também remete ao início do processo de construção. Nesse caso, é provável que esse contexto seja muito mais simbólico que funcional, ou seja, que os fragmentos tenham sido depositados para, de alguma maneira, "inaugurar" o processo de construção da estrutura.

A construção de montículos parece estar associada apenas aos sítios Paredão, mas sua disposição em padrões circulares ou semicirculares segue um plano de aldeia já detectado no sítio Osvaldo, ligado à fase Manacapuru, o que reforça a hipótese de constituição de uma rede regional na área de confluência ao longo dos séculos.

Outro índice do caráter sedentário das aldeias dessa época são as feições que provavelmente representam lixeiras. A escavação de covas para depósito de materiais descartados é um comportamento já notado nas ocupações Pocó-Açutuba. Nesses contextos, no entanto, tal comportamento está associado tanto ao enterramento de cerâmicas de ocupações anteriores, o que é visível no sítio Boa Esperança, região de Tefé (Costa 2012), como à formação de lixeiras ricas em restos faunísticos e botânicos. Nas aldeias Paredão, esse comportamento parece ter se ampliado, a ponto de ter sido identificada uma verdadeira profusão de feições nos casos em que escavações mais amplas foram abertas, como é o caso do sítio Laguinho.

Ali, em um contexto que é ao mesmo tempo um paraíso e um pesadelo para qualquer arqueóloga ou arqueólogo, em uma área de 16 m², foram identificadas e escavadas dezenas de feições que se entrecortam, interferindo umas nas outras. Márcio Castro (2009) construiu uma tipologia para as feições de sítios e o que chama a atenção é sua variabilidade formal e de conteúdo: há feições com grande quantidade de fragmentos cerâmicos, outras sem cerâmicas, mas com restos de animais e plantas. No sítio Laguinho, tal variabilidade, e a abundância em que se apresentam – não por coincidência em uma área que é um pátio entre os dois grandes montículos do sítio –, parece confirmar a hipótese de que eram lixeiras.

As feições encontradas nos sítios da área de confluência são verdadeiras cápsulas de informações concentradas em locais com pequeno volume. Em primeiro lugar, é notável o contraste estratigráfico entre elas e o solo adjacente, mesmo que cerca de 1400 anos tenham se passado desde sua formação, conforme se verifica pelas datações realizadas. Tal contraste mostra uma estabilidade surpreendente, dadas as condições de lixiviações intensas características dos solos em regiões equatoriais. Em segundo lugar, e certamente devido a essa estabilidade, as feições têm permitido uma recuperação razoável de vestígios macrobotânicos que normalmente não seriam recuperáveis em contextos típicos de sítios a céu aberto. Lígia Lima (2011) realizou um estudo preliminar em duas feições do sítio Laguinho e identificou uma profusão de macrovestígios.

Finalmente, devem-se mencionar os cemitérios. O registro arqueológico das aldeias Manacapuru e Paredão é, na área de confluência, o mais rico em preservação de vestígios funerários, com um surpreendente contexto revelado por um cemitério com 36 sepultamentos diretos identificados no sítio Hatahara (Py-Daniel 2009). Ali foram identificados três contextos funerários cronologicamente distintos. O mais antigo, datado do fim do primeiro milênio AEC, é associado à tradição Pocó-Açutuba e tem um sepultamento em urna e dois sepultamentos diretos em estágio relativamente ruim de preservação. O segundo contexto funerário é composto de uma série de sepultamentos em urnas da fase Manacapuru, datados dos séculos VI e VII EC, que têm materiais ósseos em estado de conservação ruim. O terceiro contexto é constituído por 36 sepultamentos diretos, alguns primários, outros secundários, relacionados pelas datas a ocupações da fase Paredão no fim do primeiro milênio EC.

FIGURA 17 Sítio Hatahara – área de concentração de urnas funerárias das fases Manacapuru e Paredão. Foto: Val Moraes.

Não será apresentada aqui uma análise exaustiva e tampouco uma descrição osteológica dos sepultamentos, trabalho já realizado por Py-Daniel (Ibid.). A par das condições excepcionais para um sítio a céu aberto localizado pouco mais de 300 quilômetros ao sul da linha do equador, a presença de três cemitérios distintos no sítio Hatahara é digna de nota pela redundância ou recalcitrância no uso do mesmo local como cemitério por populações diferentes. Jean-Pierre Chaumeil (1997) mostrou a presença de pelo menos dois tipos de tratamento dado à morte e aos mortos nas terras baixas da América do Sul. O primeiro, mais consagrado na literatura, concebe os mortos como inimigos ou como indivíduos que devem ser esquecidos, cujas referências físicas e onomásticas devem ser evitadas a todo custo. Nesses casos, é esperada uma baixa visibilidade arqueológica em termos, por exemplo, de formação de cemitérios. No segundo grupo, as referências à morte e aos mortos são comuns, com destaque a uma forma de relacionamento que poderia remeter ao culto de flautas sagradas, ou de jurupari, comuns, por exemplo, na bacia do rio Negro (Chaumeil 1997). Para Chaumeil, cultos de flautas sagradas, que permanecem escondidas durante boa parte do ano e são usadas em rituais de iniciação masculina, são comumente observados em sociedades com comportamentos territoriais mais marcados, grupos sedentários com paisagens simbólicas bem definidas, como é o caso de grupos falantes de línguas da família arawak do noroeste da Amazônia (Hill 1993). Tais elementos são compatíveis com o padrão sedentário dos assentamentos da área de confluência durante o primeiro milênio EC.

A formação de terras pretas provoca uma mudança ecológica local no espaço dos sítios arqueológicos. Atualmente, na área de confluência, por exemplo, há algumas espécies de plantas, como a limorana (*Chlorophora tinctoria*), o tucumã (*Astrocaryum aculeatum*) e o urucuri (*Attalea excelsa*), que colonizam esses locais. Na bacia do baixo Madeira foi identificado um padrão que vincula sítios de terra preta com alguns tipos de comunidades florísticas (Fraser et al. 2011). É provável que um padrão semelhante seja visível em outras partes da Amazônia, embora as composições florísticas das áreas de terra preta devam variar de acordo com as características ecológicas mais amplas das áreas onde se situam os sítios arqueológicos. O termo "lugares persistentes" é às vezes usado em arqueologia para designar aqueles materiais, arranjos ou feições criados na habitação inicial de um local e que posteriormente atraem as ocupações subsequentes, agindo como elementos que estruturam paisagens e constroem referências regionais para a história de determinada área. O sítio Hatahara poderia ser tratado como um local persistente pelas propriedades que possui. Py-Daniel (2009) mostrou como a construção dos montículos residenciais da fase Paredão envolveu, além do uso da terra preta e das cerâmicas, a manipulação de restos ósseos humanos inteiros, inclusive crânios, como materiais construtivos. Parece claro, portanto, que quem ergueu esses montículos estava ciente do fato de que havia sepultamentos no sítio. É provável que tal propriedade conferisse ao assentamento algum tipo de potência como local privilegiado de habitação.

O caso do sítio Hatahara está longe de ser uma exceção. Pelo contrário, na área de confluência é comum que sítios tenham sido habitados mais de uma vez. De fato, pode-se afirmar que a reocupação cíclica e recalcitrante dos mesmos locais resultou na estruturação de uma paisagem pontuada por ilhas antropizadas cercadas por mares de matas em diferentes estágios de manejo. Arroyo-Kalin (2008), usando dados de variação magnética dos solos do entorno do sítio Lago Grande, comprovou o uso do fogo nesses locais no passado, provavelmente para permitir alguma forma de manejo. Mesmo assim, há que se considerar que a tecnologia de manejo da floresta utilizada por esses grupos incluía, além do fogo, machados de pedra. Denevan (1992) mostrou como a utilização de machados de pedra enseja uma relação totalmente diferente com a floresta, que provavelmente permitia um grau de itinerância muito menor que o documentado para as sociedades do tipo "cultura de floresta tropical" consagradas por Lowie e Steward no *Handbook of South American Indians*. Afinal, a quantidade de tempo e energia gastos na abertura de uma área de mata alta com um machado de metal é infinitamente menor que com um machado de pedra. Assim, ao longo do primeiro milênio EC na área de confluência, sítios arqueológicos com terras pretas apresentavam, além da riqueza dos solos, a propriedade material de ter a uma cobertura vegetal composta de palmeiras e plantas típicas de áreas de capoeira. A essas propriedades físicas acrescentam-se as simbólicas já brevemente discutidas.

A paisagem regional da área de confluência no primeiro milênio EC era, portanto, plenamente antropizada, o que faz sentido no quadro dos princípios da ecologia histórica. A arqueologia permite que se compreenda quais foram as relações sociais que promoveram tais modificações: assentamentos sedentários, com padrões regulares de habitação, cobertos por montículos artificiais dispostos em padrões circulares ou semicirculares, em alguns casos com a presença de cemitérios nos assentamentos, que, por sua vez, eram integrados por redes de troca. Esse quadro estável, típico de "sociedades frias", perdurou na região por pelo menos seis séculos, até ser profundamente alterado no início do segundo milênio EC.

CAPÍTULO 5

GUERRA E PAZ NA VIRADA DO MILÊNIO

Na arqueologia da área de confluência dos rios Negro e Solimões, além dos sítios com terras pretas, são visíveis cerâmicas coloridas, pintadas em vermelho, preto e branco, encontradas na superfície de vários dos sítios da região. Tais cerâmicas pertencem à fase Guarita da tradição Polícroma da Amazônia, também definida por Peter Hilbert em sua obra de 1968. Talvez devido à decoração pintada e a sua plástica peculiar, cerâmicas Guarita chamam a atenção de cientistas e leigos desde o século XIX, como Barbosa Rodrigues (1892), que as mencionou e desenhou na apresentação de sua obra *A necrópole de Miracanguera*, publicada no volume *Antiguidades do Amazonas*.

Pratos de diferentes formatos, vasos e urnas funerárias, as cerâmicas da fase Guarita têm características formais e decorativas bastante diferentes das cerâmicas anteriormente produzidas na área de confluência. A decoração pintada em faixas grossas, vermelhas e negras, sobre uma base branca é uma delas. Essas faixas podem ser retilíneas ou curvilíneas, em motivos geométricos, zoomorfos ou representando partes do corpo humano. Em alguns casos, o nível de elaboração dos padrões decorativos pintados tem tal sofisticação que Gaspar de Carvajal, em 1542, chegou a comparar essa cerâmica à mais bela cerâmica de Málaga, ao descrever vasos encontrados em uma aldeia abandonada visitada pela expedição de Francisco de Orellana a jusante de Coari, a famosa "aldeia da louça".

FIGURA 18 Vasos e fragmentos da fase Guarita. Foto: Eduardo G. Neves.

FIGURA 19 Fragmento de vaso Guarita com decoração excisa e flanges mesiais. Foto: Maurício de Paiva.

Muitas das urnas Guarita conhecidas tiveram suas pinturas erodidas, mas os casos conhecidos de urnas pintadas mostram uma vez mais um padrão decorativo sofisticado. As urnas também apresentam decoração plástica, normalmente antropomorfa. Nesses casos, são frequentes as representações de braços e pernas, marcados pela aplicação de roletes largos e pouco espessos, além de olhos, bocas e narizes indicando feições faciais. Nas urnas antropomorfas Guarita, a cabeça pode estar representada tanto no corpo como na tampa. Em ambos os casos, as faces vêm sempre acompanhadas por uma espécie de tiara, marcada por roletes largos e poucos espessos, aplicada sobre os olhos. Tais tiaras têm uma estabilidade formal notável e são observadas em cerâmicas da tradição polícroma espalhadas por uma extensa área que vai do baixo rio Madeira, na Amazônia central, até o rio Napo, no sopé dos Andes equatorianos.

FIGURAS 20 E 21 Urnas funerárias antropomorfas da fase Guarita, sítio Urucurituba, Prefeitura Municipal de Urucurituba (AM). Fotos: Maurício de Paiva.

FIGURA 22 Vasos antropomórficos do tipo Nuevo Rocafuerte, fase Napo, tradição polícroma, rio Napo, Equador (Evans & Meggers 1968, prancha 63).

Na área de confluência em particular, e na Amazônia central em geral, há também outras categorias de cerâmicas intimamente associadas à fase Guarita. Entre elas, um grupo de vasos com boca circular ou quadrangular que têm, na parte mesial, flanges formadas por um ou mais roletes. Tais flanges, em sua face superior, produzem um campo para a aplicação de excisões retilíneas e curvilíneas que se estendem até o lábio dos vasos. Estes, por sua vez, são caracterizados por um rolete adicional em sua extremidade, reforçando-os.

Vasos excisos com flanges mesiais são verdadeiros fósseis-guias das ocupações Guarita e funcionam como um excelente marcador cronológico e cultural em toda a Amazônia central.

Cerâmicas da fase Guarita compõem o conjunto maior da tradição Polícroma da Amazônia, com ampla distribuição pelas terras baixas. Cerâmicas dessa tradição são encontradas em uma área que vai desde a ilha de Tupinambarana até o alto rio Amazonas, nos contrafortes dos Andes peruanos. Com exceção da região a jusante da cidade de Santarém, onde as ocupações têm materiais diferentes, praticamente toda a calha do rio Amazonas foi, no primeiro milênio EC, ocupada por populações que produziam cerâmicas da tradição polícroma. Foi exatamente essa razão que levou Meggers e Evans (1957) a empreender seus estudos pioneiros sobre a arqueologia da foz do rio Amazonas e mais tarde na região do rio Napo, no Equador (Evans & Meggers 1968). Além da margem dos rios Amazonas e Solimões, sítios com cerâmicas polícromas são também encontrados ao longo de alguns dos seus principais afluentes, como o Madeira, desde as cachoeiras a montante de Porto Velho; o Negro, desde São Gabriel; o Japurá-Caquetá, desde Araracuara; e o Napo (Ver mapa região amazônica p. 10).

Apesar da ampla distribuição geográfica, é notável a estabilidade formal de cerâmicas polícromas localizadas em sítios que chegam a distar milhares de quilômetros uns dos outros. Ao longo dos anos, tais cerâmicas foram sendo classificadas em fases locais e receberam nomes como Guarita (região de Manaus), Borba (baixo rio Madeira), Jatuarana (alto rio Madeira), Tefé (região de Tefé), Nofurei (Araracuara, rio Caquetá), Santa Luzia (alto rio Solimões), Zebu (região de Leticia, Colombia), Napo (rio Napo) e Caimito (alto Amazonas e Ucayali, entre Iquitos e Pucallpa) (Tamanaha 2012). No geral, o que se observa é um grande e nuançado contínuo, evidenciando a arbitrariedade das barreiras entre uma fase e outra.

Examinadas à distância, em uma escala continental, a cronologia e a distribuição geográfica dos sítios com cerâmicas da tradição polícroma refletem uma estrutura bem definida que talvez revele uma história notável. Com exceção da região do lago de Tefé, no médio rio Solimões, Amazonas (AM), onde as cerâmicas polícromas chegam a datar do século V EC (Belletti 2016), a cronologia regional mostra que as datas mais antigas estão no fim do primeiro milênio EC na região de Itacoatiara (AM). A partir daí, e subindo os rios Amazonas e Solimões, as datas ficam cada vez mais recentes, até chegarem ao século XIII EC no Peru e no Equador.

Esse padrão indica que os sítios com cerâmicas polícromas representariam o registro arqueológico de um processo de expansão demográfica iniciado em meados do primeiro milênio EC na região da foz do rio Madeira, com posterior ocupação do rio Amazonas, seguida de uma rápida expansão Solimões acima. O senso comum, nesse caso, parece estar certo: conforme se mostrará aqui, as mudanças nas formas de assentamento, além das diferenças entre as camadas pré-polícromas e as camadas polícromas, são tão bem marcadas que se pode considerá-las ocupações de grupos distintos. Em outras palavras, ao menos em seu início, a expansão polícroma verificada no registro arqueológico parece refletir de fato um processo de expansão demográfica de outro grupo, originário da bacia do alto Madeira, que varreu parte da calha do Amazonas e, sobretudo, toda a calha do Solimões e do alto Amazonas na transição do primeiro para o segundo milênio EC.

OS SÍTIOS POLÍCROMOS NA AMAZÔNIA CENTRAL

Na área de confluência e em toda a Amazônia central, as camadas polícromas são invariavelmente superficiais. Ao longo dos anos, o mapeamento da distribuição de cerâmicas polícromas em sítios multicomponenciais na região mostrou, na maioria dos casos, que as aldeias polícromas, embora mais tardias, tendem a ser menos extensas que as anteriores, da fase Paredão, como no caso do sítio Antônio Galo.

Do mesmo modo, embora cerâmicas Guarita tenham sido identificadas na superfície de alguns montículos, tal associação parece ser posterior à construção dessas estruturas. Rebellato

(2007), em seu estudo de marcadores geoquímicos no sítio Hatahara, mostrou como houve uma mudança da forma de ferradura da aldeia na ocupação Paredão para um formato linear na ocupação Guarita.

Essas mudanças parecem também indicar que o tamanho da população dos grupos que fizeram cerâmicas Guarita não foi maior que o dos que produziram cerâmicas Paredão. Ao contrário, ocupações Guarita na área de confluência são normalmente pouco profundas e, embora em geral associadas a terras pretas, não está claro se de fato tais povos tiveram algum papel na formação desses solos ou se apenas fizeram uso deles para estabelecer seus assentamentos. Eduardo Tamanaha (2012) apresentou um exaustivo estudo sobre sítios Guarita na área localizada ao longo da calha do Solimões que vai de Manaus a Coari, uma distância aproximada, em linha reta, de 400 quilômetros. O trabalho de Tamanaha é importante porque traz a comparação de sete sítios, localizados em microambientes distintos, como a várzea do Solimões e a planície aluvial do rio Negro, mas também em afluentes de pequeno porte do Solimões, como o rio Urucu. A par da excelente documentação de campo e das análises de laboratório, Tamanaha fez também uma útil compilação das datas disponíveis para sítios com cerâmicas da tradição polícroma na calha do rio Amazonas-Solimões, exceto da ilha de Marajó. A seleção de Tamanaha é elucidativa, pois, apesar de confirmar o padrão no qual as datas se tornam mais recentes, em termos gerais, de leste para oeste, mostra também que, ao se analisar o mesmo padrão em uma escala de maior magnitude, ou seja, a escala local, a distribuição das datas é aparentemente não linear, isto é, não há claramente uma tendência para datas mais recentes em direção oeste. Na área de confluência e adjacências, por exemplo, as duas datas mais antigas para sítios Guarita vêm do sítio Vila Nova, no baixo rio Negro, a cerca de 300 quilômetros a montante de Manaus (Simões & Lopes 1987), e do sítio Nova Esperança II, localizado no baixo curso do rio Urucu, a mais de 100 quilômetros a montante da boca do lago homônimo, do qual é um dos formadores, na boca do rio Solimões (Tamanaha 2012). Do mesmo modo, Rafael Lopes (2018), em seus estudos no médio Solimões, vem mostrando como parece haver uma tendência de ocupação inicial de áreas ao redor dos lagos e afluentes pequenos e posterior assentamento em locais junto às margens do Solimões.

Tal padrão mostra que a colonização do rio Solimões pelos grupos produtores de cerâmicas Guarita deve ter ocorrido "pelas beiradas", o que faz sentido quando se considera a visível presença de grupos Paredão à época nesses locais. É certo que a chegada dos grupos Guarita na área de confluência não foi uma surpresa para seus ocupantes anteriores e tampouco um evento repentino. No fim do primeiro milênio EC, a calha do Amazonas-Solimões era um verdadeiro sistema multiétnico, onde grupos distantes entre si, conforme se procurou mostrar no capítulo anterior, eram direta ou indiretamente interligados por redes de relações que incluíam o comércio e, possivelmente, também a exogamia. Além do mais, a etnografia e a etno-história nos mostram como os trocanos, ou tambores de sinalização, conhecidos no Uaupés, eram amplamente utilizados na Amazônia e no Orinoco até o fim do século XIX. Tais tambores, cujos sons podiam ser ouvidos a grandes distâncias, funcionavam como meios de comunicação chamando para festas ou alertando para a presença de perigo. A reserva técnica do MAE guarda dois desses tambores.

ESTRUTURAS DEFENSIVAS E GUERRA NA VIRADA DO MILÊNIO

Na virada do milênio, os tambores Paredão provavelmente soavam com um ritmo e uma urgência particular. Isso porque, ao menos no baixo Madeira e na área de confluência, há indícios que associam o fim das ocupações Paredão à construção de estruturas defensivas como valas ou paliçadas. No sítio Vila Gomes, localizado na margem oposta à cidade de Borba, no rio Madeira, Claide Moraes (Moraes & Neves 2012) escavou uma vala de cerca de 1500 metros de extensão, ao redor de um assentamento da fase Axinim, que na área do baixo Madeira corresponde, cronológica e estilisticamente, aos sítios Paredão na área de confluência. Do mesmo modo que os sítios Paredão, Vila Gomes é um grande assentamento de terra preta. As escavações de Moraes mostram que um razoável investimento de tempo e energia foi despendido na construção da vala, que corta a periferia da área de terra preta. Na parte central da estrutura, há dois locais de passagem, não escavados, que permitiam o acesso ao assentamento (Ibid.). Na mesma região de Borba, na periferia da cidade, Moraes identificou outra vala artificial, hoje parcialmente atulhada, que a tradição oral local remete à "época dos indígenas". De fato, toda a região do baixo Madeira é repleta de estruturas do tipo, a ponto de uma das terras indígenas locais, dos Mura, localizada em Autazes, ser conhecida como "Trincheira". É comum na região atribuir tais valas ou trincheiras à Cabanagem (1835-1840), mas as datas obtidas para algumas delas mostram que foram construídas na transição do primeiro para o segundo milênio EC (Neves 2008b). Nada impede, no entanto, que tenham sido recicladas naquela época de lutas intensas em todo o vale do Amazonas.

O caso de Vila Gomes é interessante porque a vala foi construída posteriormente à formação da terra preta e, com base na data obtida por Moraes, do fim do primeiro milênio EC (Moraes & Neves 2012), pode-se fazer uma pequena reconstituição dos eventos a ela relacionados. A princípio, o sítio era um grande assentamento Axinim habitado continuamente havia alguns séculos, desde o início do primeiro milênio EC. No século X EC, a vala foi construída, cortando a periferia da aldeia, mas logo depois o sítio foi abandonado e não veio a ser reocupado até o início do período colonial. A ausência de camadas polícromas no sítio Vila Gomes é, no entanto, um fenômeno local, já que sítios com essas cerâmicas, da fase Borba, são comuns na região (Ibid.).

Na área de confluência, três outras estruturas defensivas, também associadas a aldeias da fase Paredão, foram identificadas e escavadas: duas valas, nos sítios Açutuba e Lago Grande, e uma paliçada, no sítio Laguinho (Neves 2008b; Tamanaha 2012). Em um dos casos, Lago Grande, há escassos sinais de ocupações Guarita posteriores ao assentamento Paredão. Em Laguinho e Açutuba, por outro lado, os milhares de fragmentos cerâmicos distribuídos pela superfície são nítidos sinais de ocupações Guarita. As valas nos sítios Lago Grande e Açutuba são, como no caso de Vila Gomes, depressões lineares visíveis na topografia dos sítios, mesmo se cobertas por vegetação. No caso de Açutuba, trata-se, de fato, de duas valas com alinhamento paralelo, com cerca de 150 metros de extensão no total, construídas na parte dos fundos do sítio, justamente o local mais vulnerável a ataques, já que na porção norte do sítio, que é lindeira à planície aluvial do rio Negro, há um barranco de cerca de 30 metros de altura que oferece uma defesa natural ao assentamento.

A estratigrafia do corte de perfil da vala mostra tratar-se de uma estrutura artificial: a camada de laterita é visivelmente cortada por uma depressão, cujos limites correspondem aos da própria vala original, que, por sua vez, foi preenchida por terra após seu abandono. Um exame detalhado do perfil desse mesmo corte revela, ainda, a presença de duas manchas escuras paralelas que se projetam da superfície ao fundo da vala: os sinais do que restou de uma linha de estacas paralelas que deviam corresponder a uma paliçada construída dentro da vala.

Embora em uma dimensão menor, o mesmo fenômeno é visto no sítio Lago Grande: trata-se, uma vez mais, de um assentamento implantado em um barranco alto, com quarenta metros de queda abrupta para o lago da várzea do Solimões, que dá nome ao sítio. Este, por sua vez, ocupa uma península bem delimitada por um istmo estreito, o local onde se cortou a vala. Ainda que coberta por uma capoeira antiga, é perceptível, em ambos os lados da vala, a redeposição da terra que foi retirada da escavação. A datação de uma amostra de carvão retirada do solo depositado no fundo da vala indica que ela foi construída antes do século XI EC (Neves 2008b). A implantação da vala no istmo proveu uma defesa para a área do sítio mais vulnerável a ataques, já que os altos barrancos fornecem uma defesa natural.

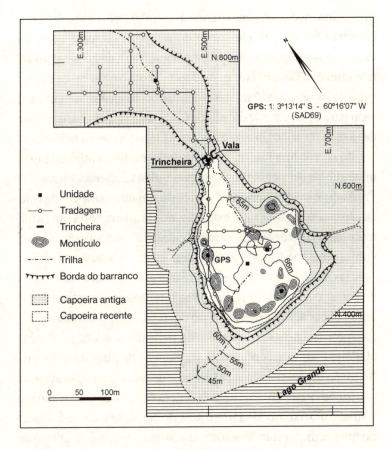

FIGURA 23 Planta do sítio Lago Grande. Desenho: Marcos Brito.

A paliçada do sítio Laguinho foi identificada inicialmente por pura sorte e, mais tarde, por bastante persistência. Laguinho é um sítio complexo, multicomponencial, que teve pelo menos quatro ocupações distintas desde o começo da era comum. Sua área total é de cerca de 25 hectares (Castro 2009) e pode ser dividido, de maneira um pouco grosseira, em dois grandes setores: o setor sul, uma espécie de cidadela que corresponde à área do sítio onde ocorrem os grandes montículos e feições anteriormente discutidos, e o setor norte, onde os depósitos arqueológicos são bem menos profundos.

Do mesmo modo que Lago Grande, Laguinho está assentado sobre uma área de escarpas íngremes que mergulham abruptamente na várzea do rio Solimões. Nas escavações de 2009, decidiu-se privilegiar intervenções no setor norte do sítio, com o objetivo de buscar evidências de casas. Para isso, identificou-se aleatoriamente um local para a abertura de escavações. Eduardo Tamanaha, que coordenava os trabalhos, notou a presença de pequenas manchas escuras, de secção longitudinal arredondada, e passou literalmente a persegui-las com a abertura de novas unidades de escavação.

Ao fim, evidenciaram-se partes de um alinhamento de estacas de quase 40 metros de extensão, que também corta um istmo e protegia o setor sul do sítio, a "cidadela", em sua parte mais vulnerável, que é a do contato com a terra firme. As manchas escuras alinhadas de maneira linear, a grande extensão e o fato de cortar o istmo permitem que se interprete a estrutura como uma paliçada. Essa estrutura, no entanto, não foi datada.

A escavação das três valas e da paliçada nos sítios do baixo Madeira e área de confluência e a datação de duas dessas estruturas são compatíveis com a hipótese de que a transição entre as ocupações Paredão/Axinim e as ocupações polícromas (Guarita/ Borba) no baixo rio Madeira e área de confluência não foi totalmente pacífica, estando associada a formas de conflito, aberto ou velado. O ideal, para fortalecer ainda mais a hipótese, seria escavar as valas e trincheiras relatadas, por exemplo, para a região de Autazes, na foz do rio Madeira. De qualquer modo, são crescentes na arqueologia da Amazônia as evidências que apontam para a construção de estruturas defensivas no passado, como o caso das "*montagnes couronnées*" [montanhas coroadas] da Guiana Francesa: dezenas de assentamentos localizados em topos de colinas e cercados por valas circulares ou elípticas. Heckenberger (2005) relatou também a presença de grandes valas, que interpretou como estruturas defensivas, ao redor dos grandes sítios do alto Xingu. Na região de Iauareté, no médio rio Uaupés, bacia do alto rio Negro, identifiquei (Neves 2001), graças à informação oral dos indígenas Tariana, um assentamento ocupado no início do século XV EC, também cercado por uma vala defensiva, que teria sido habitado por ocasião de uma série de conflitos entre os Tariana, recém-chegados à área, e os outros povos que já a ocupavam. Essa rica tradição oral já havia sido coletada no fim do século XIX por Antonio Brandão de Amorim e publicada postumamente no início do século XX (Amorim 1926). Robin Wright (1990) coletou outros relatos sobre a guerra do alto rio Negro no passado. Além dessas evidências, tais narrativas são reproduzidas há séculos pelos povos do alto rio Negro e certamente de outras partes da Amazônia. Nesse caso específico, trata-se de uma história que vem sendo recontada há seiscentos anos.

Na literatura da antropologia evolucionista, a guerra é normalmente entendida como um mecanismo que poderia ter acelerado processos que levariam à emergência do Estado ou da centralização política no passado (Carneiro 1970). No caso da Amazônia central, no entanto, esse não parece ter sido o caso. Ao contrário, a guerra ou os conflitos que geraram a demanda pela construção de estruturas defensivas parecem estar ligados ao processo de expansão dos grupos que produziam cerâmicas polícromas pelo baixo rio Madeira e rio acima pelas calhas do Amazonas e do Solimões. Do mesmo modo, nada leva a crer que os conflitos inferidos pela presença de valas e paliçada tenham ocorrido por problemas de competição por recursos.

Tal hipótese é baseada em uma série de fatores: primeiro, pelo fato de que dois dos sítios onde se escavaram valas – Lago Grande e Vila Gomes – não foram posteriormente habitados, ou o foram de maneira esparsa. Se houvesse de fato uma disputa acirrada pelos recusos da várzea, esses sítios deveriam ter sinais de que foram reocupados por outros grupos após a construção das valas. Em segundo lugar, pelo fato já mencionado de que, na área de confluência, os assentamentos Guarita são consistentemente menores que os assentamentos anteriores, da fase Paredão. Em terceiro lugar, porque os sítios Guarita na área de confluência e no médio Solimões parecem ter sido habitados por períodos relativamente curtos, com uma pegada sedentária menos visível que a dos sítios das ocupações anteriores. Finalmente, porque não há estruturas monumentais associadas aos sítios polícromos.

Com base nas interpretações acima, pode-se propor uma hipótese para a história da Amazônia central na virada do primeiro para o segundo milênio EC. No início do século X EC, as margens dos grandes rios eram habitadas por populações sedentárias associadas aos grupos Manacapuru/Paredão. Grupos que produziam cerâmicas polícromas chegaram à região por volta dessa época, procurando a princípio os locais distantes das várzeas do Amazonas e do Solimões para se assentar. Posteriormente, eles passam a procurar os locais próximos aos rios de águas brancas e a disputar a ocupação direta ou indireta dessas áreas. Após algumas décadas, já no século XII EC, as evidências de sítios Paredão na área praticamente desaparecem. Na região de Tefé, 500 quilômetros a montante de Manaus pelo rio Solimões, uma história análoga ocorreu, embora sem evidências de conflitos. Ali, sítios com cerâmicas da fase Tefé, também da tradição polícroma, recobrem camadas mais antigas associadas a complexos locais da fase Caiambé (Belletti 2016).

Os grupos que produziam cerâmicas polícromas ocuparam as margens do Amazonas-Solimões até o início da colonização europeia, no século XVI EC. Assim, foram os descendentes dos "Guarita", "Tefé", "Zebu", "Caimito", "Napo" etc. os primeiros a ter contato com o pequeno grupo liderado por Francisco de Orellana que desceu o rio Napo e o Amazonas em 1542. Aparia, o Grande, cacique poderoso do rio Napo, se embriagava de caiçuma em vasos cerâmicos tributários de uma tradição à época já milenar, com origem no século V EC.

Não se fará aqui uma revisão exaustiva dessa e de outras fontes da Amazônia do início do período colonial, mas alguns pontos necessitam ser discutidos. Um deles diz respeito à diversidade linguística de grupos que ocupavam a região à época. É intrigante, no relato de Carvajal, por exemplo, a referência ao domínio rudimentar que tinha Orellana da língua dos Omágua: *"El Capitán se lo agradeció y les dió de lo que tenía, y después de se lo haber vendido, los índios quedaron muy contentos de ver el buen tratamiento que se les hacia, y en ver que el Capitán les entendía su lengua"* (Carvajal [1542] 2002: 25). É consenso que os grupos Cocama que atual e historicamente habitam o alto Amazonas e o alto Solimões são descendentes dos Omágua (Gow 2003). Os Cocama atualmente falam uma língua da família tupi-guarani (Rodrigues 1986; Urban 1992). A conexão Cocama-Omágua levou autores como Nimuendajú ([1944] 1982), em seu *Mapa etno-histórico*, a propor que a língua omágua pertenceria ao tronco tupi. Donald Lathrap (1970) e Greg Urban (1982), por sua vez, levaram a hipótese adiante e propuseram uma filiação ainda mais específica, dessa vez à família tupi-guarani. Já Auxiliomar Ugarte (2009: 78) considera a hipótese de que Orellana tenha aprendido a língua dos Omágua durante os meses que passou no vale do Coca, no Equador, nos preparativos da expedição de Gonzalo Pizarro, da qual fazia parte originalmente antes de bandear-se rio Napo abaixo em sua própria viagem à foz do Amazonas.

A presença de falantes de línguas da família tupi-guarani no alto Amazonas sempre foi algo difícil de ser explicado no contexto da distribuição de línguas indígenas pelas terras baixas (Gow 2003). Um exame do mapa sintético de distribuição de línguas tupi apresentado por Urban (1992: 89) ilustra bem esse dilema: com exceção de cocama e omágua, todas as outras línguas tupi estão geograficamente representadas em uma área que tem o rio Amazonas e o rio Madeira-Mamoré como limites setentrional e ocidental, respectivamente, a muitas centenas de quilômetros de distância do alto Amazonas. A única exceção, além de omágua e cocama, vem dos Waiãpi do norte do Amapá e da Guiana Francesa, mas é bem-sabido que tais grupos ali se fixaram nos últimos dois séculos, a partir de uma viagem que se iniciou no baixo Xingu (Gallois 1994).

A afiliação das línguas cocama e omágua à família tupi--guarani foi um dos elementos-chave para a formulação do "modelo cardíaco" de Lathrap (1970) e da hipótese sobre as origens e dispersões dos Tupi-Guarani de Brochado (1984). O isolamento geográfico desses grupos com relação a outros falantes do tupi--guarani, no entanto, torna difícil a aceitação acrítica de tais afiliações. Uma alternativa a esse problema foi proposta por Urban (1996), que sugeriu que os Omágua/Cocama teriam incorporado o tupinambá – ou algum tipo de língua geral – como idioma no fim do século XVI e no começo do século XVII em virtude das mudanças trazidas pelo início da colonização europeia. Ana Suely Cabral (2011) sugeriu que o cocama, apesar do léxico tupinambá, tem uma estrutura gramatical que não é tupi-guarani, o que apoia em alguma medida a hipótese de Urban. É sabido também que processos de mudanças linguísticas como o proposto para os Omágua/Cocama ocorreram em outros contextos das terras baixas; o caso mais famoso é talvez o dos Carib insulares das Pequenas Antilhas nos séculos XV e XVI EC (Dreyfus 1993): grupos que originalmente falavam línguas carib e, ao ocuparem as Pequenas Antilhas, pouco antes do início da colonização, acabaram por adotar a língua arawak dos povos que subjugaram e cujos territórios ocuparam. O problema com a hipótese de Urban, no entanto, é que ela pressupõe um nível de integração dos povos da alta Amazônia com o circuito comercial e político das colônias portuguesas do Atlântico que me parece pouco amparado nas evidências disponíveis para o início do período colonial. No caso dos Carib insulares, havia um contexto mais amplo de ocupação de falantes de línguas arawak nas Grandes Antilhas – representados pelos Taíno – e no litoral das Guianas, que envelopava tais grupos oriundos do planalto das Guianas e os envolvia em relações comerciais e bélicas. No caso do alto Amazonas, a distância de milhares de quilômetros dessa região até o litoral atlântico e o relativo pouco tempo transcorrido entre o estabelecimento das primeiras feitorias e vilas no litoral do Nordeste, já no fim da primeira metade do século XVI EC, tornavam difícil a criação de um contexto que justificasse uma mudança tão drástica, e em tempo tão curto, no início do período colonial.

Uma alternativa a esse impasse, que proponho aqui, é que o processo de mudança linguística formulado por Urban e Cabral ocorreu antes do início da colonização europeia e foi resultado direto da história de expansão dos grupos produtores de cerâmicas polícromas pelo alto e médio Amazonas a partir do começo do segundo milênio EC. Para o exame dessa hipótese é preciso, no entanto, comparar, de maneira ligeira, a expansão polícroma pela Amazônia com um processo bastante parecido, e talvez mais bem documentado: a expansão tupinambá pelo litoral atlântico.

A EXPANSÃO POLÍCROMA E SEUS CORRELATOS

A discussão sobre a origem e modos de expansão dos grupos que produziam cerâmicas polícromas é um tema central da arqueologia amazônica desde a década de 1940, tendo sido objeto de estudos clássicos e fundadores da disciplina (Evans & Meggers 1968; Lathrap 1970). As hipóteses de Meggers e Lathrap sobre o tema já foram repassadas muitas vezes e só serão enunciadas nos pontos atualizados por dados obtidos pelas pesquisas na área de confluência e também ao longo do alto Madeira (Almeida 2013), baixo Madeira (Moraes 2013) e médio Solimões (Belletti 2016; Tamanaha 2012).

De 1948 a 1956, Meggers e Evans realizaram três grandes expedições de campo com o objetivo de traçar as origens, movimentos e desaparecimento da tradição polícroma na Amazônia. Essas três expedições – na foz do Amazonas, na antiga Guiana Inglesa e no rio Napo – resultaram em trabalhos monumentais, talvez os mais duradouros da vasta produção amazônica desses dois cientistas estadunidenses (Meggers & Evans 1957; Evans & Meggers 1960 e 1968). É notável, nessas três obras, o esforço no uso da arqueologia para o teste de hipóteses amplas sobre a história cultural dos povos das terras baixas. O esforço de pesquisa na foz do Amazonas tinha como objetivo explicar a aparente anomalia que representava o contexto arqueológico da fase Marajoara, marcado por evidências de sedentarismo e alguma forma de hierarquia sancionada, em meio a uma região, a foz do Amazonas, supostamente habitada por grupos de cultura de floresta tropical. Com base em escavações e na interpretação dos resultados, esses autores propuseram uma origem externa, no norte da América do Sul, para os grupos polícromos, com dois potenciais caminhos de acesso à foz do Amazonas: litorâneo pela costa da Guiana ou fluvial amazônico pelos rios Napo e Amazonas abaixo. As pesquisas na Guiana Inglesa e no rio Napo foram concebidas para testar tais hipóteses.

Os dados da Guiana Inglesa não trouxeram evidências de ocupações polícromas, mas a arqueologia do rio Napo é repleta de sítios com esses materiais, denominados localmente como fase Napo (Evans & Meggers 1968). Meggers e Evans propuseram que os materiais da fase Napo representariam a manifestação mais antiga, na Amazônia, da expansão de grupos polícromos de oeste para leste. As próprias datas produzidas por Evans e Meggers (Ibid.: 93), no entanto, não confirmaram inequivocamente sua hipótese; ao contrário, praticamente a enterraram, já que são do fim do século XII EC e do fim do século XV EC. A cronologia produzida pelo PAC na Amazônia central, bem como por outras autoras, jogou a pá de cal que faltava, confirmando que a antiguidade relativa da tradição polícroma na Amazônia central é maior do que no alto Amazonas (Heckenberger et al. 1998; Simões & Kalkmann 1987).

Em 1970, Donald Lathrap publicou *O alto Amazonas*, talvez a mais brilhante síntese já feita sobre a arqueologia da Amazônia. Nessa grande obra, Lathrap ofereceu sua própria hipótese para explicar as origens da tradição polícroma, o já apresentado "modelo cardíaco". Para a presente discussão, três das expectativas do modelo cardíaco podem ser avaliadas à luz dos dados arqueológicos obtidos até o presente. A primeira delas previa uma grande antiguidade para o início das ocupações polícromas na Amazônia central, em torno de 5000 AEC (Lathrap & Oliver 1987), o que foi invalidado de maneira consistente pela cronologia obtida para a área, que situa o começo de tais ocupações no fim do primeiro milênio EC. A segunda expectativa era que as expansões dos grupos polícromos ocorreriam devido à pressão demográfica em áreas ribeirinhas. Uma vez mais, os dados arqueológicos dos sítios Guarita não sustentam essa hipótese, uma vez que o que parece ter ocorrido, a partir do século XI EC, foi uma notável redução na densidade demográfica da área de confluência e médio Solimões, inferida, por exemplo, pela diminuição relativa da área dos assentamentos.

A terceira expectativa será discutida agora com um pouco mais de detalhe, porque diz respeito aos sentidos gerais das expansões, bem como aos grupos étnicos e linguísticos a elas associados. No modelo de Lathrap (1970), posteriormente reelaborado por Brochado (1984), difusões polícromas teriam tido um vetor centrífugo a partir da Amazônia central, se alastrando rios Solimões e Madeira acima e rio Amazonas abaixo. É bom lembrar que esses autores, notadamente Brochado, associaram tais movimentos à expansão de grupos de falantes de línguas da família tupi-guarani a partir da Amazônia central: nesse esquema, falantes de "prototupinambá" teriam se propagado ao longo de toda a calha do Amazonas, em direção ao litoral, através do curso do baixo rio Amazonas e ilha de Marajó, e em direção ao alto Amazonas, pelo curso do rio Solimões. Todo esse raciocínio, no entanto, foi erguido a partir da evidência de que os grupos Omágua e Cocama do alto Amazonas são falantes de uma língua muito próxima ao tupinambá. Conforme já se discutiu aqui, no entanto, as relações históricas entre cocama, omágua e línguas tupinambá ainda são incertas. Ainda no esquema de Brochado, os construtores de aterros da fase Marajoara teriam sido também falantes de línguas tupinambá, bem como ancestrais dos grupos tupinambá do litoral atlântico. Finalmente, os grupos que subiram o rio Madeira a partir da Amazônia central teriam sido ancestrais dos Guarani, que ocupavam partes da Bolívia, Paraguai, Argentina, Centro-Oeste, Sudeste e Sul do Brasil no século XVI EC.

Antes de discutir uma vez mais a questão da presença de falantes de uma língua aparentada ao tupinambá no alto Amazonas, cabe examinar rapidamente se se sustentam ou não os outros sentidos de expansão propostos por Brochado. No caso da calha do Madeira, o quadro é ambíguo e ainda não permite que se compreenda se houve alguma dispersão demográfica polícroma pelo Madeira abaixo ou acima. A mesma objeção é válida para o modelo de expansão para o baixo Amazonas. Para que tal hipótese estivesse correta, seria necessária a presença de ocupações polícromas ao longo de toda a calha do baixo rio

Amazonas, desde a boca do rio Madeira até seu estuário. Ainda não há, no entanto, qualquer evidência desse tipo, um fato já notado por Evans e Meggers (1968: 102) e reiterado por mim (Neves 2006). Ao contrário do que ocorre na calha do Solimões, onde ocupações polícromas são contínuas e mostram um padrão cronológico bem delineado, o que se vê na calha do baixo Amazonas é que a região atualmente compreendida entre as cidades de Itacoatiara, na foz do Madeira, e Parintins, na extremidade oriental da ilha de Tupinambarana, foi a zona de uma fronteira persistente nos séculos que antecederam o início da colonização europeia, separando a oeste sítios com cerâmicas polícromas e a leste sítios com cerâmicas incisas e ponteadas, como Konduri e Tapajós. Nunca houve de fato uma expansão da tradição polícroma pelo baixo Amazonas e estuário, o que eventualmente levará à consideração de que a fase Marajoara foi um fenômeno pontual e híbrido da foz do Amazonas, tributário de diferentes complexos locais antigos, relacionado apenas indiretamente à tradição polícroma. Pesquisas recentes na foz do rio Xingu e no Amapá mostram que a região entre Santarém e a ilha do Marajó tem inúmeros sítios com cerâmicas conhecidas como Koriabo, cuja distuibuição chegava até as pequenas Antilhas (Hofman et al. 2021). Se houve de fato uma expansão de oeste para leste de produtores de cerâmicas polícromas, ela ocorreu pela periferia sul, pela terra firme, atravessando os rios Tapajós, Xingu e Tocantins (Almeida & Neves 2015).

A única parte do modelo expansionista de Brochado e Lathrap que se mantém válida hoje para a Amazônia é a relativa à expansão polícroma ao alto Amazonas, embora as cronologias atuais mostrem que foi um processo mais recente do que proposto por eles. Feita a ressalva cronológica, cabe aqui, finalmente, examinar a conexão entre os Omágua/Cocama e uma língua aparentada ao tupinambá. Tal associação não é surpreendente, se compararmos a expansão polícroma pelo alto Amazonas com a expansão tupinambá pela costa atlântica. Essa comparação, mesmo que superficial, mostrará que os paralelismos entre esses dois processos são robustos o suficiente para que se considere a hipótese de terem tido a mesma base cultural. Entre os pontos em comum, há que mencionar: a presença explícita (Tupinambá do litoral) e inferida (Guarita) da guerra; a rapidez das expansões e de ocupações dessas áreas (o litoral e a calha do Solimões) por essas populações; as evidências (nos dois casos) de assentamentos relativamente pequenos habitados por algumas décadas, resultado de um padrão de mobilidade relativo, ao menos no nível de décadas; o amplo uso de canoas, indicando uma adaptação efetiva ao mar e ao grande rio não só como provedores de recursos, mas como vias de transporte e comunicação.

O desenvolvimento detalhado do argumento acima exposto não será feito agora, mas é importante contextualizar, na história antiga das terras baixas, a história particular dos Tupinambá do litoral, para ressaltar ainda mais os paralelos com a expansão Guarita. Do mesmo modo que a calha do Solimões era habitada anteriormente às ocupações Guarita por grupos como Paredão, Manacapuru, Axinim e Caibé, os litorais sul, sudeste e nordeste também eram ocupados por populações distintas antes da chegada dos Tupinambá, com destaque para grupos jê / aratu em locais tão distantes como São Paulo e Bahia, e também para sambaquieiros ao longo de praticamente toda a costa sul e sudeste.

A essa altura, deve estar claro que o uso que faço do termo "tupinambá" aqui é expressa e propositalmente genérico, incluindo todos os grupos não guarani falantes de línguas tupi-guarani que ocupavam o litoral do Sudeste e do Nordeste, e partes da Zona da Mata mineira, das planícies aluviais do rio São Francisco e outras zonas de mata atlântica interiorana no início do século XVI EC e desde talvez o início do primeiro milênio AEC (Scheel-Ybert et al. 2008). Sob tal denominação comum, incluem-se, no mesmo texto, inimigos outrora mortais como os

Tamoio, Tupiniquim, Tememinó, Caeté, Tupinambá etc. O argumento poderia também ser ampliado para a discussão sobre os Guarani do sul do país, mas não é o caso de fazê-lo aqui. O sacrifício da diversidade e riqueza etnográficas e históricas locais pelas generalizações que a arqueologia impõe se faz em nome da possibilidade, oferecida por tal abstração, de compreender relações históricas e políticas em escala continental.

O uso genérico de "tupinambá" segue, portanto, os princípios de definição de uma cultura arqueológica, já apresentados anteriormente: a ocorrência comum de tecnologias; formas de assentamento e tratamento dos mortos; tipos de artefatos; religião (quando manifestada arqueologicamente). No caso dos Tupinambá, a arqueologia brasileira há mais de cinquenta anos reconheceu tal nível de padronização, principalmente no referente à forma, à decoração e à tecnologia dos artefatos cerâmicos, definindo a tão discutida e polêmica "tradição tupi-guarani". O reconhecimento, é certo, foi também amparado pelo rico corpo de crônicas e relatos produzidos pelos europeus sobre os grupos indígenas do litoral. A etnologia indígena das terras baixas, no entanto, percorrendo seus próprios caminhos, e por certo de maneira sofisticada, também permitiu identificar um nível geral de abstração entre os diferentes grupos tupi-guarani, conforme proposto, em 1986, por Eduardo Viveiros de Castro na abertura de sua clássica obra *Araweté: os deuses canibais*: "Parto da hipótese de que existe algo comum ou geral entre as diferentes sociedades tupi-guarani, para além da identidade linguística e por trás de uma aparente diversidade morfossociológica" (1986: 23). Foi seguindo essa hipótese, e com base em sua própria etnografia araweté, que Viveiros de Castro logrou mostrar os elementos em comum entre sociedades tupi-guarani dispersas pelo tempo e pelo espaço:

Trata-se do que eu chamaria de excesso ou suplementaridade do discurso cosmológico em relação à organização social. Ou seja:

como se pode dar conta da coexistência, na práxis araweté, de uma organização "frouxamente estruturada" – número restrito de categorias sociais, ausência de segmentos ou divisões globais, fraca institucionalização ou formalização das relações interpessoais, relativa indistinção das esferas pública e doméstica, poucos mecanismos integrativos a nível geral – com uma extensa taxonomia do mundo espiritual, mas de difícil redução a princípios homogêneos, uma ativa presença desse mundo na vida cotidiana, o papel fundamental dos mortos, e toda uma orientação "vertical", celeste, do pensamento? (Ibid.: 24-25).

Tais formas de estar no mundo e no universo têm também manifestações materiais que constituem padrões arqueológicos. No caso da arqueologia tupinambá, por exemplo, é notável que, à padronização estrita na produção cerâmica e à preferência pela localização de assentamentos em áreas de mata atlântica, não corresponda um claro padrão de forma de aldeia e tampouco de duração na habitação dos sítios. Trata-se, aparentemente, do caso em que um padrão arqueológico se constituiu pela recorrência explícita de alguns domínios – ecológico e da produção material – e pela variação aleatória de outros – relativos a padrões de assentamentos.

Nesse aspecto, são significativos os contrastes entre o rigor e a simetria das ocupações Manacapuru/Paredão na Amazônia central e as ocupações Guarita posteriores. O mesmo vale para os sambaquis monumentais ou as aldeias circulares aratu do litoral e os sítios tupinambá da mesma área, que não parecem seguir um padrão geométrico definido. No caso das ocupações Guarita, a aparente falta de forma definida dos assentamentos se contrapõe a uma preocupação em produzir cerâmicas formalmente padronizadas. Eduardo Tamanaha (2012) mostrou como as cerâmicas de diferentes sítios Guarita por ele estudados entre Coari e Manaus mantêm uma rígida padronização formal e decorativa que contrasta com diferentes tecnologias de produção e queima dos artefatos. Parece claro, nesse caso, que a forma e decoração das cerâmicas era uma maneira ativa de delimitar, por meio dessa categoria de objetos, algum tipo de identidade para esse grupo de recém-chegados, ocupantes de uma área já previamente habitada por grupos totalmente distintos.

Seria fascinante estudar a tradição oral dos Tikuna do alto Solimões para tentar identificar referências aos antigos conflitos com os Omágua ou grupos a eles relacionados. O relato de Cristóbal de Acuña, de 1641, faz referência explícita a tais conflitos: "Pela parte norte os Águas (Omáguas) têm como inimigos os Tecunas, que, segundo boas informações, não são nada inferiores aos Curinas, nem em número e em coragem, pois também fazem guerra aos adversários que enfrentam terra adentro" (Acuña [1641] 1994: 118). É provável que os ancestrais dos Tikuna habitassem as áreas adjacentes às várzeas do Solimões até os séculos XII e XIII EC e de lá tenham sido deslocados para áreas de terra firme devido à expansão polícroma. Essa situação, que emula a dos Tupi e Tapuia no Nordeste e no Sudeste, criou uma espécie de tensão estrutural que se manteve até após o início do período colonial, quando epidemias e ações militares portuguesas e espanholas levaram à lenta e constante diminuição demográfica dos grupos Omágua da várzea do alto Solimões ao longo dos séculos XVI e XVII EC. A partir do século XVIII, com a várzea já esvaziada de seus antigos inimigos, os Tikuna passam a recolonizá-la (Nimuendajú 1952: 8), sendo hoje seus principais ocupantes. Mais recentemente, populações indígenas do alto e médio Solimões têm reinvidicado para si identidades Omágua e Cambeba, reinstaurando uma história profunda que atecede a colonização europeia.

É provável que antes da expansão polícroma a várzea do Solimões fosse ocupada por grupos distintos entre si, exibindo uma vasta diversidade cultural e linguística regional. A expansão polícroma criou uma espécie de *tabula rasa*, padronizando o registro arqueológico dessa extensa área nos últimos séculos que antecederam a chegada dos portugueses. Uma tarefa importante para as próximas décadas na arqueologia amazônica é justamente mapear essa diversidade pré-polícroma. Nesse sentido, é possível traçar mais uma comparação entre os contextos da várzea do Solimões e do litoral atlântico. É bastante plausível que essa última área tenha sido também esteio de uma grande diversidade cultural antes da expansão tupinambá, diversidade gestada ao longo dos milênios pelos povos pescadores-coletores que a habitaram. Portanto, assim como padronizou o registro arqueológico do rio Solimões, a expansão tupinambá fez o mesmo pelo litoral. Nesse último caso, tal padronização, por sua vez, proveu as condições linguísticas para a posterior expansão do nheengatu – e de toda a toponímia a ele associada – pelo território nacional.

À luz dos paralelismos aqui apresentados, parece menos anômala a presença de falantes de uma língua aparentada ao tupinambá no alto Amazonas. Pelo contrário, a arqueologia mostra que é possível situar cronologicamente o início da presença tupinambá nessa área no início do segundo milênio EC. Fica no ar, no entanto, uma pergunta que tem que ser bem respondida para fornecer consistência a tal hipótese: se o registro arqueológico do rio Solimões do segundo milênio EC é padronizado, como explicar a diversidade linguística relatada pelos primeiros europeus que passaram pela área nos séculos XVI e XVII EC?

Para responder a essa pergunta, é necessário, uma vez mais, recorrer à velha discussão sobre a possibilidade de estabelecimento de correlações entre línguas e o registro arqueológico. David Anthony, que lida com problemas análogos em seus estudos sobre expansões de falantes de línguas indo-europeias, propôs que línguas são correlacionadas à cultura material em casos de fronteiras culturais antigas, estáveis e persistentes (Anthony

2007: 104). Fronteiras desse tipo, denominadas "robustas" por Anthony (Ibid.: 105), delimitam áreas que incluem grupos com diferentes padrões adaptativos, de produção material, religião etc. No caso da arqueologia e da etnografia das terras baixas, há várias dessas fronteiras identificáveis no tempo e no espaço: a já mencionada oposição entre Tupi e Tapuia ao longo das zonas de contato da Mata Atlântica com áreas de cerrado, campos ou caatinga; a separação, pelo Planalto Meridional, de grupos jê do Sul – representados arqueologicamente por sítios das tradições Itararé e Taquara – assentados serra acima e os grupos guarani estabelecidos em áreas mais baixas; a ocupação do Planalto Central do Brasil por grupos jê, representados arqueologicamente pela tradição Aratu.

Ainda de acordo com Anthony (Ibid.: 108), fronteiras robustas anteriores ao advento dos Estados nacionais geralmente se estabeleceram sob duas condições: em contextos de grandes ecótonos, como alguns já mencionados, ou então em áreas que foram pontos finais de processos migratórios de larga escala. Nesse último caso, a persistência da fronteira ocorre em parte devido à oposição contrastiva a grupos culturalmente diferentes. Esse pode ter sido o contexto do alto Amazonas nos séculos decorridos entre o estabelecimento das primeiras aldeias polícromas e a chegada dos europeus, dos séculos XIV a XVI EC. Atualmente, essa é uma região conhecida pela grande diversidade etnolinguística, bem como pela presença de redes de relações, pacíficas ou não, integrando esses grupos distintos (Santos-Granero & Barclay 1994: xxv).

Nesse contexto, é plausível que os grupos associados à tradição polícroma que ocuparam o alto Amazonas no fim do período pré-colonial falassem alguma língua aparentada ao tupinambá. Nunca é demais lembrar que um suposto centro de origem da tradição polícroma é a região do rio Madeira, também provável embrião das línguas tupi em geral e das línguas tupi-guarani em particular. Nas outras áreas de ocupação polícroma mais antiga, como na Amazônia central, o médio Solimões e o baixo Madeira, por exemplo, as características de fronteira robusta haviam desaparecido muitos séculos antes do início da colonização, o que explica a emergência das diferenças linguísticas anotadas pelos viajantes dos séculos XVI e XVII EC. Nesse sentido, tais formações deveriam ter o mesmo caráter multiétnico e multilinguístico, como tantas outras da Amazônia antiga nos últimos séculos que antecederam a chegada dos europeus.

A argumentação aqui apresentada visa mostrar que é falsa a dicotomia rígida que opõe arqueólogas e arqueólogos que aceitam a possibilidade de correlações entre línguas e o registro arqueológico a arqueólogas e arqueólogos que a rejeitam. Para escapar desse beco sem saída conceitual, há que se considerar o contexto no qual tais correlações podem ter se desenvolvido e testar a plausibilidade da hipótese com outras fontes de informações – contextuais, ambientais, geográficas, culturais, políticas –, e não apenas a dimensão fria e estática dos objetos que jazem sob o solo.

CONCLUSÃO

POR UMA HISTÓRIA ANTIGA DOS POVOS INDÍGENAS

A AMAZÔNIA SOB O SIGNO DA INCOMPLETUDE

Há mais de um século, no texto "Terra sem história", escrito após sua viagem ao alto rio Purus, enquanto trabalhava na comissão de limites entre o Brasil e o Peru, Euclides da Cunha ([1909] 2019) produziu um relato que é representativo de uma certa concepção – ainda entranhada – sobre a história dos povos da Amazônia. Sobre a Amazônia e seus habitantes, dizia Euclides:

> Destarte a natureza é portentosa, mas incompleta. É uma construção estupenda a que falta toda a decoração interior. Compreende-se bem isto: a Amazônia é talvez a terra mais nova do mundo [...]. Nasceu da última convulsão geogênica que sublevou os Andes, e mal ultimou o seu processo evolutivo com as várzeas quaternárias que se estão formando e lhe preponderam na topografia instável. // Tem tudo e falta-lhe tudo, porque lhe falta esse encadeamento de fenômenos desdobrados num ritmo vigoroso, de onde ressaltam, nítidas, as verdades da arte e da ciência [...].

O texto de Euclides é sintomático dessa concepção que, por falta de denominação melhor, decidi chamar de "princípio da incompletude": uma forma persistente de anacronismo no tratamento da história da ocupação humana da Amazônia. Tal concepção subjaz não apenas à postura com relação ao passado mas também à maneira como são tratados a Amazônia e seus povos na discussão contemporânea – sobre políticas públicas, por exemplo.

Do texto de Euclides depreende-se a essência básica do princípio da incompletude. A ideia de que algo sempre faltou à Amazônia e seus povos: a agricultura, o Estado, a história, as cidades, a escrita, a ordem e o progresso. (No caso particular de Euclides, falta até "ordem geológica"). Normalmente, os textos produzidos com base no princípio da incompletude vêm recheados com argumentos de ausência, de escassez, de falta. Apesar de representativo para o contexto amazônico, esse princípio vale também para discussões mais amplas sobre os povos indígenas das terras baixas sul-americanas, antes e depois do início da colonização europeia. É, assim, notável como, desde o século XVI, o uso da preposição "sem" tem sido utilizado com frequência para designar os povos e a natureza aqui encontrados pelos europeus, como na clássica formulação de Pero de Magalhães Gândavo sobre os Tupinambá: povos "sem fé, sem lei, sem rei".

No século XIX, a arqueologia e a antropologia social estavam se constituindo como disciplinas e, assim, a separação entre as dimensões de suas práticas ainda não estava bem definida. Foi a partir dessa época que o princípio da incompletude penetrou o discurso da ciência para os povos amazônicos, com a publicação de obras de Alexander von Humboldt e de Carl von Martius, cuja influência, em hora silenciosa, é ainda forte. Noelli e Ferreira (2007) denominaram esse movimento de ideias como "teoria do degeneracionismo". Para Humboldt e para von Martius, um dos elementos indicadores do estado de degeneracionismo dos povos indígenas das terras baixas sul-americanas seria a variedade de línguas indígenas ali faladas. Nas palavras de von Martius, em seu texto "O estado do direito entre os autóctones do Brasil": "Milênios sem resultado passaram por esta humanidade e o único testemunho de sua alta antiguidade é exatamente esta completa dissolução, esta fragmentação total de tudo quanto estamos acostumados a saudar, como energia vital de um povo, representado aí pela ruína absoluta".

Os princípios da incompletude e do degeneracionismo foram definitivamente incorporados à arqueologia da Amazônia a partir de meados do século XX, com a organização do *Handbook of South American Indians* por Julian Steward, no qual se formalizou a divisão do continente sul-americano em quatro grandes áreas culturais que corresponderiam também a estágios evolutivos. Nessa divisão, caberia aos Andes centrais o papel de centro de inovações culturais, enquanto às outras áreas restaria o de recipiente dessas inovações, cuja capacidade de aceitação estaria associada a condições ambientais locais.

Essa imagem foi formada pelos primeiros cientistas europeus que viajaram pela região, a partir do século XVIII, e relataram atravessar áreas onde havia sinais muito escassos de ocupação humana, sendo reafirmada ao longo do século XIX e no início do século XX por antropólogos e naturalistas. O problema, no entanto, é que os poucos relatos disponíveis sobre a Amazônia, produzidos por espanhóis e portugueses nos séculos XVI e XVII, são totalmente contrastantes: falam de grandes assentamentos, com milhares de pessoas, localizados ao largo do Amazonas e de seus principais afluentes. Do mesmo modo, já no fim do século XIX, as primeiras pesquisas arqueológicas realizadas na foz do rio Amazonas e em partes da Amazônia central pareciam corroborar os relatos dos primeiros conquistadores.

Como explicar as diferenças entre essas distintas fontes de informação? O fato é que os povos indígenas do Novo Mundo, incluindo os da Amazônia, tinham baixa imunidade contra muitas das doenças infecciosas, zoonoses, trazidas pelos europeus, cuja rápida disseminação levou ao desaparecimento de grupos que não tinham entrado em contato com o homem branco. Além do mais, ao contrário de outras partes do Novo Mundo, como os Andes e a Mesoamérica, afloramentos rochosos são relativamente raros na Amazônia, principalmente ao longo das planícies aluviais do rio Amazonas e seus principais afluentes. Assim, o solo foi a principal matéria-prima utilizada pelos povos antigos da Amazônia para erguer as estruturas de suas construções, seus canais de irrigação, seus locais de culto religioso. É muito difícil, para os olhos de quem não é treinado, diferenciar estruturas artificiais construídas com solo – por exemplo, aterros – de formações naturais. Essa dificuldade aumenta ainda mais se tais estruturas estiverem recobertas por floresta.

Arqueólogas e arqueólogos que trabalham na Amazônia sabem que o quadro construído por cientistas pioneiros desde o século XVIII até meados do século XX resulta dessa combinação de fatores: populações locais exterminadas pela propagação de doenças e pela guerra nos séculos XVI e XVII, crescimento da floresta sobre áreas previamente habitadas, nos séculos XVII e XVIII, encobrindo estruturas de terra e outros sinais de presença humana, e, para culminar, o ciclo da borracha no fim do século XIX e início do XX, uma época extremamente penosa para os povos indígenas da Amazônia, que em muitos casos foram utilizados como mão de obra escrava, quando não eram mortos. Era, portanto, natural que alguns desses povos adotassem o modo de vida nômade e disperso pela floresta, descrito pelos cientistas da época. Este parece ter sido uma adaptação mais às condições históricas do momento que às condições ecológicas da Amazônia.

Desde a virada do milênio tem ocorrido uma revisão radical desse quadro ortodoxo de conhecimento. Praticamente em qualquer área da Amazônia onde há pesquisas, a arqueologia vem encontrando evidências de ocupações humanas no passado, mesmo em locais hoje cobertos por floresta aparentemente virgem. Atualmente sabemos que a Amazônia é habitada há pelo menos 12 mil anos, há tanto tempo quanto em outras partes das Américas, por diferentes povos, com distintas formas de organização social e política, desde bandos nômades de caçadores-coletores até sociedades sedentárias hierarquizadas que produziram objetos de pedra e cerâmica extremamente refinados, hoje guardados em museus nas Américas e na Europa.

Os dados da Amazônia central aqui apresentados e discutidos já permitem que se faça uma espécie de revisão dessa revisão, bem como uma breve análise de alguns de seus dilemas, para que a arqueologia possa oferecer uma contribuição teórica à antropologia das terras baixas. Destacarei alguns aspectos que considero pertinentes à discussão.

O primeiro deles diz respeito à antiguidade da história indígena. Graças aos trabalhos de Miller, Roosevelt, Magalhães, Morcote-Ríos, entre outros, sabe-se hoje que a presença humana na Amazônia remonta ao fim do Pleistoceno e início do Holoceno. Isso quer dizer que ela é tão antiga quanto em outras partes do continente americano e que, sobretudo, as áreas tropicais úmidas não constituíram uma barreira à ocupação humana por grupos caçadores-coletores, conforme proposto por Headland e Bailey nos anos 1990. Assim, no início do Holoceno, diferentes partes da bacia amazônica – Carajás, médio Caquetá, rio Guaviare, savanas guianenses, Amazônia central, região de Santarém, alto Madeira – já eram ocupadas e, o que é mais interessante, sem a prevalência de uma única tradição cultural, conforme se pode observar pela diversidade das tecnologias de pedra lascada. Tal padrão fundador, a meu ver, constitui de saída a característica mais marcante da antropologia amazônica: a diversidade cultural, caracterizada, por exemplo, pela grande quantidade de famílias linguísticas – com diferentes áreas de dispersão – e de línguas isoladas ali representadas. Note-se, no entanto, que em algumas partes da Amazônia com sinais de ocupações antigas verificam-se também hiatos nas sequências cronológicas locais durante o Holoceno Médio. Tais hiatos podem ser interpretados como resultado da adoção de estratégias econômicas que deixaram menor visibilidade no registro arqueológico.

Outra inovação importante diz respeito à identificação de contextos de produção de cerâmicas antigas no baixo Amazonas, no litoral do Pará, no médio Guaporé e na bacia do rio Marañon, na alta Amazônia equatoriana. Tais cerâmicas, com datas que chegam a cerca de 7 mil anos no sambaqui fluvial de Taperinha, perto de Santarém, e a 5500 anos nos sambaquis do litoral paraense, estão entre as mais antigas do continente americano, mais antigas certamente que as mais antigas cerâmicas das terras altas, atestando que a Amazônia foi um centro independente de inovação cultural no passado. Não parece casual que, à semelhança da produção de artefatos líticos, a produção de vasos cerâmicos também tenha sido aparentemente abandonada e retomada após apenas alguns milênios – ao que tudo indica no caso da região de Santarém. Também no caso da produção antiga de cerâmicas, nota-se desde cedo a manifestação de diferenças culturais acentuadas, uma vez que os artefatos do litoral do Pará, do baixo Amazonas e do médio Guaporé parecem ser bem distintos uns dos outros. O tamanho relativamente pequeno desses vasos antigos indica também que a função dessas primeiras cerâmicas era mais de servir líquidos, provelmente bebidas fermentadas, que de processamento e armazenamento de comida.

Um dos temas que mais têm atraído a atenção de arqueólogas e arqueólogos, e de cientistas de outras áreas, é o estudo da chamada terra preta. A presença desse tipo de solo antrópico traz uma forte evidência de que as populações antigas da Amazônia modificaram as condições naturais dos locais onde viviam, invalidando, portanto, os princípios do determinismo ambiental. Nessa perspectiva, terras pretas teriam sido criadas deliberadamente com o objetivo de aprimorar a qualidade dos solos em geral pobres da Amazônia. O que se vê, no entanto, é que a esmagadora maioria dos sítios de terra preta já escavados não eram locais de roça, e sim de habitação. Na Amazônia central, tais solos foram inclusive "desperdiçados" e usados na construção de estruturas artificiais como montículos habitacionais. Ainda na Amazônia central, terras pretas se formaram também em áreas da várzea do rio Solimões, locais onde os solos já são naturalmente férteis e não necessitam de aprimoramento. Essas evidências mostram que as terras pretas não foram necessariamente uma solução para um problema adaptativo dos povos amazônicos antigos, mas simplesmente o correlato arqueológico do estabelecimento da vida sedentária pela região, já que a formação desses solos se intensificou há 2 mil anos, época a partir da qual são mais visíveis modificações paisagísticas como construção de canais, valas, aterros e também o surgimento de grandes aldeias ou mesmo cidades.

Estudos com macro e microvestígios de plantas feitos em sítios localizados em diferentes partes da Amazônia têm trazido também informações valiosas. As pesquisas mostram, como era de se esperar, que as práticas agroecológicas dos povos antigos da Amazônia eram marcadas pela diversificação, com a presença de numerosos cultivares. É forçoso reconhecer, como já o fez Denevan (1992), que o padrão "clássico" da agricultura de floresta tropical, definido na literatura de meados do século XX como sendo baseado no cultivo itinerante de roças de toco ou de coivara, com uma importante especialização na mandioca, seja resultado das mudanças impulsionadas pela colonização europeia: a adoção dos machados de metal garantiu o aumento da itinerância, ao mesmo tempo que o cultivo da mandioca se tornou mais disseminado. Surpreendente também nesses estudos é a quantidade de plantas não domesticadas, principalmente palmeiras e outras espécies de árvores, presentes no repertório desses sítios.

Na ilha de Marajó, caso ainda mais radical, não há, ao menos até o momento, qualquer evidência de agricultura associada aos construtores de aterros que ocuparam a área durante o primeiro milênio EC. Arqueólogas e arqueólogos têm uma dificuldade imensa em tratar de casos como esse, uma herança do pensamento evolucionista, e a consequência é a proliferação de termos deselegantes como "horticultores incipientes" ou "estágios intermediários". É curioso notar, no entanto, que, no caso da Amazônia antiga, a incipiência e o intermediário parecem ter sido o estado natural das coisas, e não um caminho para algo que acabou não acontecendo.

Gostaria de mencionar agora, brevemente, um último aspecto da discussão: a dimensão política. Nós, arqueólogas e arqueólogos, passamos algumas décadas tentando mostrar que havia sociedades hierarquizadas na Amazônia. Nesse ponto, creio que fomos bem-sucedidos. Há hoje bons exemplos de conjuntos de sítios arqueológicos no alto Xingu, Marajó, Santarém, Amazônia central e Bolívia que indicam a presença de sociedades sedentárias, formas claras de modificação da paisagem e algum tipo de hierarquia associada à mobilização de mão de obra para construção de estruturas monumentais. Tais exemplos desafiam, a meu ver, a etnologia das terras baixas a incorporar dados arqueológicos na formulação de hipóteses sobre as políticas ameríndias, já que não há exemplos etnográficos comparáveis. Quando estudadas, no entanto, numa perspectiva de história de longo prazo como a aqui proposta, verifica-se que essas formações sociais hierarquizadas e centralizadas tinham uma tendência à fragmentação, à dissolução, mesmo antes da conquista europeia, sendo exemplo histórico de processos de recusa ao Estado propostos por Pierre Clastres ([1974] 2017).

Talvez a lição mais importante trazida pela arqueologia amazônica nas últimas décadas tenha sido mostrar que não existe na região nenhuma barreira natural à ocupação humana, à inovação, à invenção. Ao contrário, se fizermos uma história comparativa dos povos ameríndios, verificaremos que algumas das plantas mais importantes domesticadas no Novo Mundo o foram na Amazônia ou em suas adjacências nas terras baixas. O mesmo vale para a cerâmica, como já vimos. Solos de terra preta indicam a capacidade de modificação da paisagem, e a presença de sítios de grande porte interligados por redes de estradas mostram que houve períodos de adensamento demográfico com algum tipo de hierarquia. A arqueologia nos revela hoje que nada era impeditivo na Amazônia.

Faltou, no entanto, "combinar com os russos". Os "russos", nesse caso, são os povos antigos da Amazônia que fizeram artefatos de pedra lascada e depois pararam de produzi-los, inventaram a cerâmica e depois deixaram de fabricá-la, criaram solos férteis, como a terra preta, mas não tiravam deles todo seu sustento, domesticaram plantas, mas em muitos casos não quiseram ser agricultores, vislumbraram a possibilidade do Estado, mas dela fugiram sempre que puderam. Na Amazônia central, ao longo dos séculos, a arqueologia mostra uma longa história de alternância entre formas de vida bastante distintas, mas nunca, necessariamente, em direção ao Estado, mesmo nos contextos de densidade demográfica maior.

Neste ponto, gostaria de voltar ao princípio da incompletude. Tal ideia está baseada em premissas de escassez, de que algo essencial está sempre faltando, mas talvez incompleta seja nossa capacidade de entender a Amazônia, sua história e sua natureza em seus próprios termos. Clastres ([1974] 2003) e Sahlins (1972) já mostraram há décadas que o Estado ou a adoção da agricultura, quando pensados a partir da perspectiva do indivíduo, são um péssimo negócio. Talvez esteja na hora de virar o quadro de cabeça para baixo e trabalhar com a premissa de que a abundância, e não a escassez, é o ponto de partida para uma reflexão sobre a história antiga da Amazônia. Nesse quadro, não faz mesmo o menor sentido pensar em acumulação, obrigação ou compulsoriedade, principalmente no longo prazo.

Do mesmo modo, embora a colonização europeia tenha causado um impacto violento nos modos de vida antigos dos povos indígenas das terras baixas, incluindo a diminuição populacional, os padrões de organização social e política das sociedades indígenas contemporâneas têm raízes profundas e são resultantes históricas de eventos marcados por conflito, aliança, fuga ou abandono ocorridos antes e depois da conquista. Para uma compreensão mais ampla desses processos, é importante entender como se organizavam e articulavam politicamente os povos indígenas amazônicos nos séculos anteriores ao início da colonização europeia, tarefa essa essencialmente arqueológica.

No século XVI EC, enquanto as produtoras de cerâmicas polícromas que ocupavam a calha do Solimões estabeleciam seus primeiros contatos com os europeus, o filósofo gascão Étienne de la Boétie redigiu seu *Discurso da servidão voluntária* ([1574] 1982). Nesse texto, La Boétie se pergunta: "Como pode ser que tantos homens, tantos burgos, tantas cidades, tantas nações suportam às vezes um tirano só, que tem apenas o poderio que lhes dão?" (Ibid.: 12). Creio que essa seja uma das questões mais importantes que a arqueologia, não só na Amazônia, pode ajudar a entender. Por que, após dezenas de milhares de anos vivendo como caçadores-coletores, as sociedades humanas abriram mão de sua liberdade em prol da agricultura e do Estado? Os povos antigos da Amazônia central escaparam desse desígnio, desenvolvendo maneiras engenhosas de vida no bosque tropical. Essa é uma lição que vale a pena ser aprendida, nem que seja por seu valor ético.

AGRADECIMENTOS

Este livro tem como base minha tese de livre-docência, defendida em 2013. Os trabalhos aqui apreentados resultam de um esforço coletivo empreendido por mais de quinze anos no Amazonas. A todas e todos com quem trabalhei, sobretudo meus atuais e antigos orientandos, de cuja parceria me orgulho, faço os mais sinceros agradecimentos. Algumas e alguns tive o prazer de citar extensivamente neste livro, que é a melhor homenagem que lhes posso fazer. Eduardo Tamanaha prestou também uma inestimável ajuda organizando as figuras e tabelas do manuscrito original. Sou grato a Val Moraes, Maurício de Paiva e Marcos Brito pelas fotos e ilustrações.

Agradeço à Fundação de Amparo à Pesquisa do Estado de São Paulo (Fapesp) pelas cerca de trinta bolsas de iniciação científica, mestrado e doutorado e auxílios financeiros concedidos para a pesquisa da Amazônia central e para a publicação deste livro. O Museu de Arqueologia e Etnologia da Universidade de São Paulo (MAE-USP) – onde tenho o privilégio de trabalhar – foi sempre generoso na concessão de apoio institucional e plena liberdade de trabalho.

Ao longo dos anos fiz vários amigos em Iranduba e Manaus, lugares que aprendi a amar. Agradeço a todas e todos, com votos de que possam um dia ler este trabalho e apreciar a riqueza arqueológica deste pedaço do Amazonas. A Carlos Augusto da Silva, Michael Heckenberger, Jim Petersen e Bob Bartone, pelo que generosamente me ensinaram. Jim se foi em 2005, mas sua contribuição seminal segue viva em todas nós que com ele tivemos o prazer de trabalhar.

A Stelio Marras, pela leitura cuidadosa do manuscrito, e a Florencia Ferrari, pela edição preciosa e acolhida generosa.

A minha família, pelo apoio e afeto constantes, e, sobretudo, a minha companheira, Dainara Toffoli, pelo amor, cumplicidade e parceria. A meus filhos, por me forçarem, sem saber, a me manter na linha.

REFERÊNCIAS BIBLIOGRÁFICAS

ACUÑA, Cristóbal de
[1641] 1994. *Novo descobrimento do grande rio das amazonas*. Rio de Janeiro: Agir.

ALMEIDA, Fernando Ozorio de
2008. *O complexo tupi da Amazônia oriental*. Dissertação de mestrado. São Paulo: Museu de Arqueologia e Etnologia – Universidade de São Paulo.

2013. *A tradição polícroma na bacia do alto rio Madeira*. Tese de doutorado. São Paulo: Museu de Arqueologia e Etnologia – Universidade de São Paulo.

__ & Eduardo G. NEVES.
2015. "Evidências arqueológicas para a origem dos Tupi-Guarani no leste da Amazônia". *Mana*, v. 21, n. 3, pp. 499–525.

AMORIM, Antonio B.
1926. "Lendas em nheêngatú e em portuguez". *Revista do Instituto Histórico e Geográfico Brasileiro*, v. 154, n. 100, pp. 9–475.

ANTHONY, David
2007. *The Horse, the Wheel, and Language: How Bronze-Age Riders from the Eurasian Steppes Shaped the Modern World*. Princeton: Princeton University Press.

arroyo-kalin, Manuel
2008. *Steps towards an Ecology of Landscape: A Geoarchaeological Approach to the Study of Anthropogenic Dark Earths in the Central Amazon Region, Brazil*. Tese de doutorado. Cambridge: Department of Archaeology – University of Cambridge.

2010. "The Amazonian Formative: Crop Domestication and Anthropogenic Soils". *Diversity*, v. 2, n. 4, pp. 473–504.

ARROYO-KALIN, Manuel *et alii*
2009. "Anthropogenic Dark Earths of the Central Amazon Region: Remarks on Their Evolution and Polygenetic Composition", in William Woods et al. (orgs.), *Amazonian Dark Earths: Wim Sombroek's Vision*. New York: Springer, pp. 99–125.

ARVELO-JIMÉNEZ, Nelly & Horacio BIORD
1994. "The Impact of Conquest on Contemporary Indigenous Peoples of the Guiana Shield: The System of Orinoco Regional

Interdependence", in A. Roosevelt (org.), *Amazonian Indians from Prehistory to the Present: Anthropological Perspectives*. Tucson: University of Arizona Press, pp. 55–78.

BALÉE, William

1989. "The Culture of Amazonian Forests". *Advances in Economic Botany*, v. 7, pp. 1–21.

1994. *Footprints of the Forest: Ka'apor Ethnobotany: The Historical Ecology of Plant Utilization by an Amazonian People*. New York: Columbia University Press.

1995. "Historical Ecology of Amazonia", in L. Sponsel (org.), *Indigenous Peoples and the Future of Amazonia: An Ecological Anthropology of an Endangered World*. Tucson: University of Arizona Press, pp. 97–110.

__ & Denny moore

1994. "Language, Culture, and Environment: Tupí-Guaraní Plant Names Over Time", in A. Roosevelt (org.), *Amazonian Indians from Prehistory to the Present: Anthropological Perspectives*. Tucson: University of Arizona Press, pp. 363–80.

BANDEIRA, Arkley

2008. *O sambaqui do Bacanga na ilha de São Luís – Maranhão: Um estudo sobre a ocorrência cerâmica no registro arqueológico*. Dissertação de mestrado. São Paulo: Museu de Arqueologia e Etnologia – Universidade de São Paulo.

BARBOSA RODRIGUES, João

1892. "Antiguidades do Amazonas: A necrópole de Mirakanguéra". *Vellosia – Contribuições do Museu Botanico do Amazonas*, v. 2, pp. 1–40.

BARNETT, William & John HOOPES (org.)

1995. *The Emergence of Pottery: Technology and Innovation in Ancient Societies*. Washington: Smithsonian Institution Press.

BARSE, William

2000. "Ronquin, AMS Dates, and the Middle Orinoco Sequence". *Interciencia*, v. 25, n. 7, pp. 337–41.

2002. "Holocene Climate and Human Occupation in the Orinoco", in J. Mercader (org.), *Under the Canopy: The Archaeology of Tropical Rain Forests*. New Brunswick: Rutgers University Press, pp. 249–70.

BELLETTI, Jacqueline

2016. "A tradição polícroma da Amazônia", in C. Barreto, H. P. Lima & C. Jaimes Betancourt (orgs.), *Cerâmicas arqueológicas da Amazônia: Rumo a uma nova síntese*. Belém: Iphan / Museu Paraense Emilio Goeldi, pp. 348–64.

BELLWOOD, Peter

2005. *First Farmers: The Origins of Agricultural Society*. Oxford: Blackwell.

BIORD-CASTILLO, Horacio

1985. El contexto multilingüe del sistema de interdependencia regional del Orinoco. *Antropologica*, n. 63/64, pp. 83–101.

BITTENCOURT, Ana Luísa V. & Patrícia M. KRAUSPENHAR

2006. "Possible Prehistoric Anthropogenic Effect on *Araucaria angustifolia* (Bert.) O. Kuntze Expansion during the Late Holocene". *Revista Brasileira de Paleontologia*, v. 9, n. 1, pp. 109–16.

BOOMERT, Arie

2000. *Trinidad, Tobago and the Lower Orinoco Integration Sphere: An Archaeological / thnohistorical Study*. Alkmaar: Cairi.

BROCHADO, José P.

1984. *An Ecological Model of the Spread of Pottery and Agriculture into Eastern South America*. Tese de doutorado. Urbana-Champaign: Department of Anthropology – University of Illinois.

1989. "A expansão dos Tupi e da cerâmica da tradição policrômica amazônica". *Dédalo*, v. 24, n. 27, pp. 65–82.

BROCHADO, José P. & Donald LATHRAP

1982. *Chronologies in the New World: Amazonia*. Manuscrito.

BUARQUE DE HOLANDA, Sergio

[1959] 1996. *Visão do paraíso: Os motivos edênicos no*

descobrimento e colonização do Brasil. São Paulo: Brasiliense.

BUENO, Lucas

2006. "As indústrias líticas da região do Lajeado e sua inserção no contexto do Brasil central". *Revista do Museu de Arqueologia e Etnologia* (USP), n. 15/16, pp. 37–57.

BUSH, Mark *et alii*

1986. "A 6,000 Year History of Amazonian Maize Cultivation". *Nature*, v. 340, n. 6231, pp. 303–05.

BUTT-COLSON, Audrey

1973. "Inter-tribal Trade in the Guiana Highlands". *Antropologica*, n. 34, pp. 1–69.

CABRAL, Ana Suelly

2011. "Different Histories, Different Results: The Origin and Development of Two Amazonian Languages". *Papia*, v. 1, n. 21, pp. 9–22.

CARNEIRO, Robert

1970. "A Theory of the Origin of the State". *Science*, v. 169, n. 3947, pp. 733–38.

1983. "The Cultivation of Manioc Among the Kuikuru of the Xingú", in R. Hames & W. Vickers (orgs.), *Adaptive Responses of Native Amazonians*. New York: Academic Press, pp. 65–111.

CAROMANO, Caroline Fernandes

2010. *Fogo no mundo das águas: Antracologia no sítio Hatahara, Amazônia Central*. Dissertação de mestrado. Rio de Janeiro:

Museu Nacional – Universidade Federal do Rio de Janeiro.

CARVAJAL, Gaspar
[1542] 2002. "A 'Relación' de Frei Gaspar de Carvajal", in N. Papavero, D. M. Teixeira, W. L. Overal & J. R. Pujol-Luz (orgs.), *O novo Éden: A fauna da Amazônia nos relatos dos viajantes e cronistas desde a descoberta do rio Amazonas por Pinzón (1500) até o Tratado de Santo Ildefonso*. Belém: Museu Paraense Emílio Goeldi, pp. 20–41.

CASCON, Leandro Mathews
2010. *Alimentação na floresta tropical: Um estudo de caso no sítio Hatahara*. Dissertação de mestrado. Rio de Janeiro: Museu Nacional – Universidade Federal do Rio de Janeiro.

CASTRO, Marcio Walter de Moura
2009. *Padrões de assentamento da fase Paredão na Amazônia central*. Dissertação de mestrado. São Paulo: Museu de Arqueologia e Etnologia – Universidade de São Paulo.

CAVALLI-SFORZA, Luigi
2003. "Demic Diffusion as the Basic Process of Human Expansions", in P. Bellwood & C. Renfrew (org.), *Examining the Farming/Language Dispersal Hypothesis*. Cambridge: McDonald Institute for Archaeological Research, pp. 79–88.

CHAUMEIL, Jean-Pierre
1997. "Entre la memoria y el olvido: Observaciones sobre los ritos funerarios en las tierras bajas de América del Sur". *Boletín de Arqueología PUCP*, n. 1, pp. 207–32.

CHILDE, V. Gordon
1957. *The Dawn of European Civilization*. London: Routledge & Kegan Paul.

CLASTRES, Pierre
[1974] 2017. *A sociedade contra o Estado: Pesquisas de antropologia política*, trad. Theo Santiago. São Paulo: Ubu Editora.

CLEMENT, Charles R. *et alii*
2015. "The Domestication of Amazonia before European Conquest". *Proceedings of the Royal Society B: Biological Sciences*, v. 282, n. 1812.

COSTA, Bernardo L. S.
2012. *Levantamento arqueológico na Reserva de Desenvolvimento Sustentável Amanã – Estado do Amazonas*. Dissertação de mestrado. São Paulo: Museu de Arqueologia e Etnologia – Universidade de São Paulo.

COSTA, Fernando W. S.
2002. *Análise das indústrias líticas da área de confluência dos rios Negro e Solimões*. Dissertação de mestrado. São Paulo: Museu de Arqueologia e Etnologia – Universidade de São Paulo.

2009. *Arqueologia das campinaranas do baixo rio Negro: Em busca dos pré-ceramistas nos areais da Amazônia central*. Tese de doutorado. São Paulo: Museu de Arqueologia e Etnologia – Universidade de São Paulo.

CRUXENT, José M. & Irving ROUSE
1958-59. *An Archaeological Chronology of Venezuela*, v. 2. Washington: Pan-American Union – Social Science Monographs, v. 6.

CUNHA, Euclides da
[1909] 2019. "Terra sem história", in *À margem da história*, org. L. M. Bernucci, F. F. Hardman & F. P. Rissato. São Paulo: Editora Unesp.

DENEVAN, William
1992. "The Pristine Myth: The Landscape of the Americas in 1492". *Annals of the Association of American Geographers*, v. 82, n. 3, pp. 369-85.
1996. "A Bluff Model of Riverine Settlement in Prehistoric Amazonia". *Annals of the Association of American Geographers*, v. 86, n. 4, pp. 654-81.

DESCOLA, Philippe
1986. *La Nature domestique: Symbolisme et praxis dans l'écologie des Achuar*. Paris: Foundation Singer-Polignac/ Édition de la Maison des sciences de l'homme.

DILLEHAY, Tom
2008. "Profiles in Holocene History", in H. Silverman & W. H. Isbell (orgs.), *Handbook of South American Archaeology*. New York: Springer, pp. 29-43.

__ (org.)
2011. *From Foraging to Farming in the Andes: New Perspectives on Food Production and Social Organization*. New York: Cambridge University Press.

DONATTI, Patrícia B.
2003. *A ocupação pré-colonial da área do Lago Grande, Iranduba, AM*. Dissertação de mestrado. São Paulo: Museu de Arqueologia e Etnologia – Universidade de São Paulo.

DREYFUS, Simone
1993. "Os empreendimentos coloniais e os espaços políticos indígenas no interior da Guiana ocidental (entre o Orenoco e o Corentino) de 1613 a 1796", in E. Viveiros de Castro & M. Carneiro da Cunha (orgs.), *Amazônia: Etnologia e história indígena*. São Paulo: Núcleo de História Indígena e Indigenismo – Universidade de São Paulo, pp. 19-41.

ERICKSON, Clark
1995. "Archaeological Methods for the Study of Ancient Landscapes of the Llanos de Mojos in the Bolivian Amazon", in P. Stahl (org.), *Archaeology in the Lowland American Tropics: Current Analytical Methods and Applications*. Cambridge: Cambridge University Press, pp. 66-95.

EVANS, Clifford & Betty J. MEGGERS
1960. "Archaeological Investigations in British Guiana,

South America". *Bulletin 177.* Washington: Bureau of American Ethnology, Smithsonian Institution.

1968. *Archaeological Investigations on the Rio Napo, Eastern Ecuador.* Washington: Smithsonian Institution Press.

FALESI, Ítalo

1974. "Soils of the Brazilian Amazon", in Charles Wagley (org.), *Man in the Amazon.* Gainesville: University Presses of Florida, pp. 201–29.

FAUSTO, Carlos

2001. *Inimigos fiéis: História, guerra e xamanismo na Amazônia.* São Paulo: Edusp.

__ & Eduardo G. NEVES

2018. "Was There ever a Neolithic in the Neotropics? Plant Familiarization and Biodiversity in the Amazon". *Antiquity*, v. 92, n. 366, pp. 1604–18.

FRANZINELLI, Elena & Hamilton IGREJA

2002. "Modern Sedimentation in the Lower Negro River, Amazonas State, Brazil". *Geomorphology*, v. 44, n. 3/4, pp. 259–71.

FRASER, James A. *et alii*

2011. "Crop Diversity on Anthropogenic Dark Earths in Central Amazonia". *Human Ecology*, v. 39, n. 4, pp. 395–406.

GALLOIS, Dominique T.

1994. *Mairi revisitada: A reintegração da Fortaleza de Macapá na tradição oral dos Waiãpi.* São Paulo: NHII-USP/Fapesp.

GALVÃO, Eduardo

1960. "Áreas culturais indígenas do Brasil: 1900–1959". *Boletim do Museu Paraense Emílio Goeldi* – Nova Série, Antropologia, n. 8.

GAMBLE, Clive

1993. *Timewalkers: The Prehistory of Global Colonization.* London: Penguin UK.

GLASER, Bruno & William I. WOODS (org.)

2004. *Amazonian Dark Earths: Explorations in Space and Time.* Berlin: Springer.

GNECCO, Cristóbal & Santiago MORA

1997. "Late Pleistocene/Early Holocene Tropical Forest Occupations at San Isidro and Peña Roja, Colombia". *Antiquity*, v. 71, n. 273, pp. 683–90.

GOMES, Denise M. C.

2002. *Cerâmica arqueológica da Amazônia: Vasilhas da coleção tapajônica do MAE-USP.* São Paulo: Fapesp/ Edusp/ Imprensa Oficial.

2008. *Cotidiano e poder na Amazônia pré-colonial.* São Paulo: Edusp.

2011. "Cronologia e conexões culturais na Amazônia: as sociedades formativas da região de Santarém – PA". *Revista de Antropologia*, v. 54, n. 1, pp. 269–314.

GOULDING, Michael *et alii*
1988. *Rio Negro: Rich Life in Poor Water*. The Hague: SPB Academic Publishing.

GOW, Peter
2003. "'Ex-Cocama': Identidades em transformação na Amazônia peruana". *Mana*, v. 9, n. 1, pp. 57–79.

GRAEBER, David & David WENGROW
2021. *The Dawn of Everything: A New History of Humanity*. London: Penguin UK.

GUAPINDAIA, Vera Lúcia
2008. *Além da margem do rio: As ocupações Konduri e Pocó na região de Porto Trombetas, PA*. Tese de doutorado. São Paulo: Museu de Arqueologia e Etnologia – Universidade de São Paulo.

HAZENFRATZ, Roberto *et alii*
2012. "Comparison of INAA Elemental Composition Data between Lago Grande and Osvaldo Archaeological Sites in the Central Amazon: A First Perspective". *Journal of Radioanalytical and Nuclear Chemistry*, v. 291, n. 1, pp. 43–48.

HEADLAND, Thomas & Robert BAILEY
1991. "Introduction: Have Hunter-Gatherers Ever Lived in Tropical Rain Forest Independently of Agriculture?". *Human Ecology*, v. 19, n. 2.

HECKENBERGER, Michael J.
2002. "Rethinking the Arawakan Diaspora: Hierarchy, Regionality, and the Amazonian Formative", in J. Hill & F. Santos-Granero (orgs.), *Comparative Arawakan Histories: Rethinking Language and Culture Areas in the Amazon*. Urbana: University of Illinois Press, pp. 99–122.

2005. *The Ecology of Power: Culture, Place, and Personhood in the Southern Amazon, AD 1000–2000*. New York: Routledge.

__ & Eduardo G. NEVES
2009. "Amazonian Archaeology". *Annual Review of Anthropology*, v. 38, pp. 251–66.

__ *et alii*
1998. "De onde surgem os modelos?: Considerações sobre a origem e expansão dos Tupi". *Revista de Antropologia*, v. 41, pp. 69–96.

1999. "Village Size and Permanence in Amazonia: Two Archeological Examples from Brazil". *Latin American Antiquity*, v. 10, n. 4, pp. 353–76.

2003. "Amazonia 1492: Pristine Forest or Cultural Parkland?". *Science*, v. 301, n. 5640, pp. 1720–14.

2008. "Pre-Columbian Urbanism, Anthropogenic Landscapes, and the Future of the Amazon." *Science*, v. 321, n. 5893, pp. 1214–17.

HERRERA, Leonor *et alii*
1980–81. "Datos sobre la arqueología de Araracuara". *Revista Colombiana de Antropología*, v. 23, pp. 185–251.

HILBERT, Klaus

1998. "Nota sobre algumas pontas-de-projetil da Amazônia". *Estudos Ibero-Americanos* (PUCRS), v. 24, n. 2, pp. 291–310

HILBERT, Peter

1958. "Preliminary Results of Archaeological Investigations in the Vicinity of the Mouth of the rio Negro, Amazonas". *Actas del XXXIII Congreso Internacional de Americanistas*, San José, v. 2, pp. 370–77.

1962. "New Stratigraphic Evidence of Culture Change on the Middle Amazon (Solimões)". *Akten des 34 Internationales Amerikanistenkongresses*, pp. 471–76.

1968. *Archäologische Untersuchungen am Mittlern Amazonas*. Berlin: Dietrich Reimer.

__ & Klaus HILBERT

1980. "Resultados preliminares de pesquisa arqueológica nos rios Nhamundá e Trombetas, baixo Amazonas". *Boletim do Museu Paraense Emílio Goeldi* – Nova Série, Antropologia, n. 75.

HILL, Jonathan

1993. *Keepers of the Sacred Chants: The Poetics of Ritual Power in an Amazonian Society*. Tuscon: University of Arizona Press.

__ & Fernando SANTOS-GRANERO (orgs.)

2002. *Comparative Arawakan Histories: Rethinking Language and Culture Areas in the Amazon.*

Urbana: University of Illinois Press.

HOFMAN, Corrinne *et alii*

2021. "Koriabo From the Caribbean Sea to the Amazon River". Royal Netherlands Institute of Southeast Asian and Caribbean Studies (KITLV)/ Museu Paraense Emilio Goeldi.

HOOPES, John

1994. "Ford Revisited: A Critical Review of the Chronology and Relationships of the Earliest Ceramic Complexes in the New World, 6000–1500 BC". *Journal of World Prehistory*, v. 8, n. 1, pp. 1–49.

HORNBORG, Alf

2005. "Ethnogenesis, Regional Integration, and Ecology in Prehistoric Amazonia: Toward a System Perspective". *Current Anthropology*, v. 46, n. 4, pp. 589–620.

HUGH-JONES, Stephen

1985. "The Maloca: A World in a House", in E. Carmichael et al., *The Hidden Peoples of the Amazon*. London: British Museum Publications, pp. 78–93.

IRIARTE, José *et alii*

2004. "Evidence for Cultivar Adoption and Emerging Complexity during the Mid-Holocene in the La Plata Basin". *Nature*, v. 432, n. 7017, pp. 614–17.

2017. "Out of Amazonia: Late-Holocene Climate Change and the Tupi–Guarani Ttrans-

Continental Expansion". *The Holocene*, v. 27, n. 7, pp. 967–75.

2020. "The Origins of Amazonian Landscapes: Plant Cultivation, Domestication and the Spread of Food Production in Tropical South America". *Quaternary Science Reviews*, v. 248, p. 106582.

JORDAN, Carl

1985. "Soils of the Amazon Rainforest", in G. Prance & T. Lovejoy (orgs.), *Amazonia*. Oxford: Pergamon, pp. 83–94.

JUNQUEIRA, André B. *et alii*

2011. "Secondary Forests on Anthropogenic Soils of the Middle Madeira River: Valuation, Local Knowledge, and Landscape Domestication in Brazilian Amazonia". *Economic Botany*, v. 65, n. 1, pp. 85- 99.

KATER, Thiago

2020. "A temporalidade das ocupações ceramistas no sítio Teotônio". *Boletim do Museu Paraense Emílio Goeldi – Ciências Humanas*, v. 15, n. 2.

KERN, Dirse *et alii*

2003. "Distribution of Amazonian Dark Earths in the Brazilian Amazon", in J. Lehmann, D. Kern, B. Glaser & W. Woods (orgs.), *Amazonian Dark Earths: Origins, Properties, Management*. Dordrecht: Kluwer, pp. 51–75.

KIRCH, Patrick

1997. *The Lapita Peoples: Ancestors of the Oceanic World*. Oxford: Blackwell.

LA BOÉTIE, Étienne de

[1574] 1982. *Discurso da servidão voluntária*, trad. Laymert Garcia dos Santos. São Paulo: Brasiliense.

LARSEN, Clark S. *et alii*

2017. "Bioarchaeology of Neolithic Çatalhöyük Reveals Fundamental Transitions in Health, Mobility, and Lifestyle in Early Farmers". *Proceedings of the National Academy of Sciences*, v. 116, n. 26, pp. 12615–23

LATHRAP, Donald

1968. "The 'Hunting' Economies of the Tropical Forest Zone of South America", in R. Lee & I. DeVore (orgs.), *Man the Hunter*. Chicago: Aldine, pp. 23–29.

1970. *The Upper Amazon*. London: Thames & Hudson.

1974. "The Moist Tropics, the Arid Lands, and the Appearance of Great Art Styles in the New World", in M. King & I. Traylor (orgs.), *Art and Environment in Native North America*. Lubbock: Museum of Texas Tech University, pp. 115–58.

1977. "Our Father the Cayman, Our Mother the Gourd: Spinden Revisited or a Unitary Model for the Emergence of Agriculture in the New World", in C. Reed (org.), *Origins of Agriculture*. The Hague: Mouton, pp. 713–51.

___ & José OLIVER

1987. "Agüerito: El complejo policromo mas antiguo de America en la confluencia del

Apure y el Orinoco (Venezuela)". *Interciencia*, v. 12, n. 6, pp. 274–89.

LATRUBESSE, Edgardo & Elena FRANZINELLI

2002. "The Holocene Alluvial Plain of the Middle Amazon River, Brazil". *Geomorphology*, v. 44, n. 3/4, pp. 241–57.

LÉVI-STRAUSS, Claude

1962. *La Pensée sauvage*. Paris: Plon. [Ed. bras.: *O pensamento selvagem*, trad. Tânia Pellegrini. Campinas: Papirus, 2008.]

__ & Didier ERIBON

2005. *De perto e de longe*. São Paulo: Cosac & Naify.

LIMA, Helena Pinto

2008. *A história das caretas: A tradição Borda Incisa na Amazônia central*. Tese de doutorado. São Paulo: Museu de Arqueologia e Etnologia – Universidade de São Paulo.

__ *et alii*

2006. "A fase Açutuba: Um novo complexo cerâmico na Amazônia central". *Arqueología Suramericana*, v. 2, n. 1, pp. 26–52.

LIMA, Lígia T.

2011. *Feições: Vestígios antrópicos na Amazônia central*. Relatório final de iniciação científica. São Paulo: Museu de Arqueologia e Etnologia – Universidade de São Paulo.

LIMA, Luis Fernando E.

2003. *Levantamento arqueológico das áreas de interflúvio na área de confluência dos rios Negro e Solimões*. Dissertação de mestrado. São Paulo: Museu de Arqueologia e Etnologia – Universidade de São Paulo.

LOMBARDO, Umberto *et alii*

2020. "Early Holocene Crop Cultivation and Landscape Modification in Amazonia". *Nature*, v. 581, n. 7807, pp. 190–93.

LOPES, Rafael A.

2018. *A Tradição Polícroma da Amazônia no contexto do médio rio Solimões*. Dissertação de mestrado. Laranjeiras: Departamento de Arqueologia – Universidade Federal de Sergipe.

LOWIE, Robert

1948. "The Tropical Forests: An Introduction", in J. Steward (org.), *Handbook of South American Indians*, v. 3, n. 143. Washington: Bureau of American Ethnology, Smithsonian Institution, pp. 1–56.

MACHADO, Juliana S.

2005. *A formação de montículos artificiais: Um estudo de caso no sítio Hatahara, Amazonas*. Dissertação de mestrado. São Paulo: Museu de Arqueologia e Etnologia – Universidade de São Paulo.

MACEDO, Rodrigo Santana *et alii*

2019. "Amazonian Dark Earths in the Fertile Floodplains of the Amazon River, Brazil: An Example of Non-Intentional Formation of Anthropic Soils in the Central Amazon Region".

Boletim do Museu Paraense Emílio Goeldi – Ciências Humanas, v. 14, n. 1, pp. 207-27.

MAGALHÃES, Marcos P.

1994. *Arqueologia de Carajás: A presença pré-histórica do homem na Amazônia*. Rio de Janeiro: Companhia Vale do Rio Doce.

2018. *A humanidade e a Amazônia: 11 mil anos de evolução histórica em Carajás*. Belém: Museu Paraense Emílio Goeldi.

__ et alii

2019. "O Holoceno inferior e a antropogênese amazônica na longa história indígena da Amazônia oriental (Carajás, Pará, Brasil)". *Boletim do Museu Paraense Emílio Goeldi* – Ciências Humanas, v. 14, n. 2, pp. 291-326.

MARTIUS, Carl F. P. von

1906. "O Estado do direito entre os autóctones do Brasil". *Revista do Instituto Historico e Geographico de São Paulo*, v. 9.

MAYBURY-LEWIS, David (org.)

1979. *Dialectical Societies: The Gê and Bororo of Central Brazil*. Cambridge, Mass.: Harvard University Press.

MEGGERS, Betty J.

1954. "Environmental Limitation on the Development of Culture". *American Anthropologist*, v. 56, n. 5, pp. 801-24.

1971. *Amazonia: Man and Culture in a Counterfeit Paradise*. Chicago: Aldine.

1990. "Reconstrução do comportamento locacional pré-histórico na Amazônia". *Boletim do Museu Paraense Emílio Goeldi* – Nova Série, Antropologia, v. 6, n. 2, pp. 183-203.

1996. *Amazonia: Man and Culture in a Counterfeit Paradise*, v. 2 (org.). Chicago: Aldine.

1997. "La cerámica temprana en América del Sur: Invención independiente o difusión?". *Revista de Arqueología Americana*, n. 13, pp. 7-40.

__ & Clifford EVANS

1957. "Archaeological Investigations at the Mouth of the Amazon". *Bulletin* n. 167. Washington: Bureau of American Ethnology, Smithsonian Institution.

1961. "An Experimental Formulation of Horizon Styles in the Tropical Forest of South America", in Samuel Lothrop (org.), *Essays in Pre-Columbian Art and Archaeology*. Cambridge, Mass: Harvard University Press, pp. 372-88.

1983. "Lowland South America and the Antilles", in Jesse Jennings (org.), *Ancient South Americans*. San Francisco: W. H. Freeman, pp. 287-335.

__ & Eurico MILLER

2003. "Hunter-Gatherers in Amazonia during the Pleistocene-Holocene Transition", in J. Mercader (org.), *Under the Canopy: The Archaeology of Tropical Rain*

Forests. New Brunswick: Rutgers University Press, pp. 291–316.

__ & Jaques DANON

1988. "Identification and Implications of a Hiatus in the Archaeological Sequence on Marajó Island, Brazil". *Journal of the Washington Academy of Sciences*, v. 78, n. 3, pp. 245–53.

__ *et alii*

1988. "Implications of Archaeological Distributions in Amazonia", in P. Vanzolini & W. Heyer (orgs.), *Proceedings of a Workshop on Neotropical Distribution Patterns*. Rio de Janeiro: Academia Brasileira de Ciências, pp. 275–94.

MILLER, Eurico T.

1983. *História da cultura indígena do alto-médio Guaporé* (*Rondônia e Mato Grosso*). Dissertação de mestrado. Porto Alegre: Pontifícia Universidade Católica do Rio Grande do Sul.

1992. "Adaptação agrícola pré-histórica no alto rio Madeira", in B. J. Meggers (org.), *Prehistoria sudamericana: Nuevas perspectivas*. Washington: Taraxacum, pp. 219–29.

1999. "A limitação ambiental como barreira à transposição do período formativo no Brasil: Tecnologia, produção de alimentos e formação de aldeias no sudeste da Amazônia", in P. Lederberger-Crespo (org.), *Formativo sudamericano, una revaluación*. Quito: Abya-Yala, pp. 331–39.

2009. "Pesquisas arqueológicas no pantanal do Guaporé: A sequência seriada da cerâmica da fase Bacabal", in B. J. Meggers (org.), *Arqueologia interpretativa: O método quantitativo para estabelecimento de sequências cerâmicas*. Porto Nacional: Unitins, pp. 103–17.

MILLER, Eurico *et alii*

1992. *Arqueologia nos empreendimentos hidrelétricos da Eletronorte: Resultados preliminares*. Brasília: Eletronorte.

MONGELÓ, Guilherme Z.

2011. "Processos de interação entre os sítios Lago Grande e Oswaldo (AM) baseados no material cerâmico". *Revista do Museu de Arqueologia e Etnologia* (USP), Suplemento 11, pp. 109–14.

2019. *Outros pioneiros do sudoeste amazônico: ocupações holocênicas na bacia do alto rio Madeira*. Tese de doutorado. São Paulo: Museu de Arqueologia e Etnologia – Universidade de São Paulo.

2020. "Ocupações humanas do Holoceno inicial e médio no sudoeste amazônico". *Boletim do Museu Paraense Emílio Goeldi – Ciências Humanas [online]*, v. 15, n. 2.

MORA, Santiago

2003. *Early Inhabitants of the Amazonian Tropical*

Rainforest: A Study of Human and Environmental Dynamics. Tese de doutorado: Pittsburgh: Department of Anthropology – University of Pittsburgh Latin American Archaeological Reports, n. 3.

__ et alii

1991. *Cultivars, Anthropic Soils and Stability: A Preliminary Report of Archaeological Research in Araracuara, Colombian Amazon*. Pittsburgh: University of Pittsburgh Latin American Archaeology Reports, n. 2.

MORAES, Claide de Paula

2007. *Levantamento arqueológico da região do Lago do Limão, Iranduba, AM*. Dissertação de mestrado. São Paulo: Museu de Arqueologia e Etnologia – Universidade de São Paulo.

2013. *Amazônia ano 1000: Rerritorialidade e conflito no tempo das chefias regionais*. Tese de doutorado. São Paulo: Museu de Arqueologia e Etnologia – Universidade de São Paulo.

__ & Eduardo G. neves

2012. "O ano 1000: Adensamento populacional, interação e conflito na Amazônia central". *Amazônica: Revista de Antropologia*, v. 4, pp. 122–48.

MORCOTE-RÍOS, Gaspar *et alii*

2013. "Terras pretas de índio of the Caquetá-Japurá River (Colombian Amazonia)". *Tipití: Journal of the Society for the Anthropology of Lowland South America*, v. 11, n. 2, pp. 30–39.

2021. "Colonisation and Early Peopling of the Colombian Amazon during the Late Pleistocene and the Early Holocene: New Evidence from La Serranía La Lindosa". Quaternary International, v. 578, pp. 5–19.

MYERS, Thomas

1973. "Toward the Reconstruction of Prehistoric Community Patterns in the Amazon Basin", in D. Lathrap & J. Douglas (orgs.), *Variation in Anthropology*. Urbana: Illinois Archaeological Survey, pp. 233–52.

NEVES, Eduardo G.

1998. *Paths in Dark Waters: Archaeology as Indigenous History in the Upper Rio Negro Basin, Northwest Amazon*. Tese de doutorado (manuscrito). Bloomington: Department of Anthropology – Indiana University.

1999. "Changing Perspectives in Amazonian Archaeology", in G. Politis & B. Alberti (orgs.), *Archaeology in Latin America*. London: Routledge, pp. 216–43.

2001. "Indigenous Historical Trajectories in the Upper Rio Negro Basin", in C. McEwan, C. Barreto & E. Neves (orgs.), *Unknown Amazon: Culture in Nature in Ancient Brazil*. London: British Museum Press, pp. 266–85.

2005. "O lugar dos lugares: Escala e intensidade das modificações paisagísticas na Amazônia central pré-colonial em comparação com a Amazônia contemporânea". *Ciência & Ambiente*, v. 31, pp. 79–91.

2006. *Arqueologia da Amazônia*. Rio de Janeiro: Jorge Zahar.

2007. "El formativo que nunca terminó: La larga história de la estabilidad en las ocupaciones humanas de la Amazonía central". *Boletín de Arqueología PUCP*, n. 11, pp. 117–42.

2008a. "Ecology, Ceramic Chronology and Distribution, Long-Term History and Political Change in the Amazonian Floodplain", in H. I. Silverman & W. H. Isbell (orgs.), *Handbook of South American Archaeology*. New York: Springer, pp. 359–79.

2008b. "Warfare in Pre-Colonial Amazonia: When Carneiro Meets Clastres", in A. Nilsen & W. Walker (orgs.), *Warfare in Cultural Context: Practice Theory and the Archaeology of Violence*. Tucson: University of Arizona Press, pp. 139–64.

2010. "A arqueologia da Amazônia central e as classificações na arqueologia amazônica", in E. Pereira & V. Guapindaia (orgs.), *Arqueologia amazônica 2*. Belém: Museu Paraense Emílio Goeldi, pp. 561–79.

2020. "Castanha, pinhão e pequi ou alma antiga dos bosques do Brasil", in J. Cabral de Oliveira et al. (orgs.), *Vozes Vegetais: Diversidade, resistências e histórias da floresta*. São Paulo: Ubu Editora, 2020, pp. 109–24.

__ & Michael J. heckenberger

2019. "The Call of the Wild: Rethinking Food Production in Ancient Amazonia". *Annual Review of Anthropology*, v. 48, pp. 371–88.

__ & James B. petersen

2006. "The Political Economy of Pre-Columbian Amerindians: Landscape Transformations in Central Amazonia", in W. Balée & C. Erickson (orgs.), *Time and Complexity in Historical Ecology: Studies in the Neotropical Lowlands*. New York: Columbia University Press, pp. 279–310.

__ *et alii*

2003. "Historical and Socio-cultural Origins of Amazonian Dark Earths", in J. Lehmann et al. (org.), *Amazonian Dark Earths: Origin, Properties, Management*. Dordrecht: Kluwer, pp. 1–45.

2004. "The Timing of Terra Preta Formation in the Central Amazon: Archaeological Data from Three Sites", in B. Glaser & W. I. Woods (orgs.), *Amazonian Dark Earths: Explorations in Space and Time*. Berlin: Springer, pp. 125–34.

2014. "A tradição Pocó-Açutuba e os primeiros sinais visíveis de modificações de paisagens na calha do Amazonas", in *Antes de*

Orellana: Actas del 3er Encuentro Internacional de Arqueología Amazônica. Quito: Ifea/ Flasco/ MCCTH/ Senescyt.

2020. "A arqueologia do alto Madeira no contexto arqueológico da Amazônia". *Boletim do Museu Paraense Emílio Goeldi – Ciências Humanas*, v. 15, n. 2.

NIMUENDAJÚ, Curt

[1944] 1982. *Mapa etno-histórico do Brasil e regiões adjacentes*. Brasília: IBGE.

1952. *The Tukuna*. University of California Publications in American Archaeology and Ethnology, v. 45. Berkeley/ Los Angeles: University of California Press.

2004. *In Pursuit of a Past Amazon: Archaeological Researches in the Brazilian Guyana and in the Amazon Region*, trad. Stig Rydén e Per Stenborg, org. P. Stenborg. Göteborg: Världskulturmuseet.

NOELLI, Francisco Silva & Lúcio Menezes FERREIRA

2007. "A persistência da teoria da degeneração indígena e do colonialismo nos fundamentos da arqueologia brasileira". *História, Ciência, Saúde – Manguinhos*, v. 14, n. 4.

NORDENSKIÖLD, Erland

1930. *L'Archéologie du bassin de l'Amazone*, v. 1. Paris: Ars Americana.

OLIVEIRA, Alexandro *et alii*

2001. "Florestas sobre areia: Campinaranas e igapós", in A. Oliveira & D. Daly (orgs.), *Florestas do rio Negro*. São Paulo: Companhia das Letras/Unip/The New York Botanical Garden, pp. 181–219.

OLIVER, José

1989. *The Archaeological, Linguistic and Etnohistorical Evidence for the Expansion of Arawakan into Northwestern Venezuela and Northeastern Colombia*. Tese de doutorado. Urbana-Champaign: Department of Anthropology – University of Illinois.

OYUELA-CAYCEDO, Augusto

1995. "Rock versus Clay: The Evolution of Pottery Technology in the case of San Jacinto 1, Colombia", in W. Barnett & J. Hoopes (orgs.), *The Emergence of Pottery: Technology and Innovation in Ancient Societies*. Washington: Smithsonian Institution Press, pp. 133–44.

PÄRSSINEN, Marti *et alii*

2009. "Pre-Columbian Geometric Earthworks in the Upper Purús: A Complex Society in Western Amazonia". *Antiquity*, v. 83, n. 322, pp. 1084–95.

PETERSEN, James B.

1996. "Archaeology of Trants, Montserrat – Part 3: Chronological and Settlement Data. *Annals of the Carnegie Museum*, v. 65, n. 4, pp. 323–61

___ *et alii*

2001. "Gift from the Past: Terra Preta and Prehistoric Amerindian Occupation in Amazonia", in C. McEwan, C. Barreto & E. G. Neves (orgs.), *Unknown Amazon, Culture in Nature in Ancient Brazil*. London: British Museum Press.

2003. "A Prehistoric Ceramic Sequence from the Central Amazon and Its Relationship to the Caribbean", in L. Alofs & R. Dijkoff (orgs.), *Proceedings of the 19th International Congress for Caribbean Archaeology*. Aruba: Archaeological Museum of Aruba, pp. 250–59.

2004. "An Overview of Amerindian Cultural Chronology in the Central Amazon". Paper presented at the annual meeting of the Society for American Archaeology, Montreal.

PIRES, José M. & Gillian PRANCE

1985. "The Vegetation Types of the Brazilian Amazon", in G. Prance & T. Lovejoy (orgs.), *Amazonia*. Oxford: Pergamon, pp. 109–45.

POLITIS, Gustavo

1996. *Nukak*. Bogotá: Instituto Amazónico de Investigaciones Científicas – Sinchi.

PORRO, Antonio

1993. *As crônicas do rio Amazonas: Notas etno-históricas sobre as antigas populações indígenas da Amazônia*. Petrópolis: Vozes.

PORTOCARRERO, Ricardo Chirinos

2007. *Padrões de assentamento no sítio Osvaldo, Amazonas*. Dissertação de mestrado. São Paulo: Museu de Arqueologia e Etnologia – Universidade de São Paulo.

POSEY, Darrell

1986. "Manejo de floresta secundária, capoeiras, campos e cerrados (Kayapó)", in B. Ribeiro (org.), *Suma etnológica brasileira*: *Etnobiologia* (v. 1). Petrópolis: Vozes/ Finep, pp. 173–85.

PRÜMERS, Heiko

2004. "Hügel umgebem von 'schönen Monstern': Ausgrbungen in der Loma Mensoza (Bolivien)", in *Expeditionen in vergessene Welten: 25 Jahre archaeologische Forshungen in Amerika, Afrika und Asien*. Bonn: AVA-Forschungen, Band 10, pp. 47–78.

PUGLIESE, Francisco A. *et alii*

2018. "What do Amazonian Shellmounds Tell Us about the Long-Term Indigenous History of South America?", in C. Smith (org.), *Encyclopedia of Global Archaeology*. New York: Springer.

PY-DANIEL, Anne Rapp

2009. *Arqueologia funerária na Amazônia central*. Dissertação de mestrado. São Paulo: Museu de Arqueologia e Etnologia – Universidade de São Paulo.

___ *et alii*

2011. "Pre-Ceramic Occupations on Sandy Soils in Central Amazon". *Revista do Museu de Arqueologia e Etnologia* (USP), Suplemento 11, pp. 43–49.

RAFFLES, Hugh

2002. *Amazonia: A Natural History*. Princeton: Princeton University Press.

REBELLATO, Lilian

2007. *Interpretando a variabilidade cerâmica e as assinaturas químicas e físicas do solo no sítio arqueológico Hatahara, AM*. Dissertação de mestrado. São Paulo: Museu de Arqueologia e Etnologia – Universidade de São Paulo.

REICHEL-DOLMATOFF, Gerardo

1971. *Amazonian Cosmos*. Chicago: University of Chicago Press.

RENFREW, Colin

1987. *Archaeology and Language: The Puzzle of Indo-European Origins*. London: Jonathon Cape.

2000. "At the Edge of Knowability: Towards a Prehistory of Languages". *Cambridge Archaeological Journal*, v. 10, n. 1, pp. 7–34.

RINDOS, David

1984. *The Origins of Agriculture*. New York: Academic Press.

RIVAL, Laura

2002. *Trekking Through History: The Huaorani of Amazonian Ecuador*. New York: Columbia University Press.

RODRIGUES, Aryon Dall'Igna

1986. *Línguas brasileiras: Para o conhecimento das línguas indígenas*. São Paulo: Loyola.

ROOSEVELT, Anna

1980. *Parmana: Prehistoric Maize and Manioc Subsistence along the Amazon and Orinoco*. New York: Academic Press.

1989. "Resource Management in Amazonia before the Conquest". *Advances in Economic Botany*, v. 7, pp. 30–62.

1991. *Moundbuilders of the Amazon: Geophysical Archaeology on Marajó Island, Brazil*. San Diego: Academic Press.

1995. "Early Pottery in the Amazon: Twenty Years of Scholarly Obscurity", in W. K. Barnett & J. Hoopes (orgs.), *The Emergence of Pottery: Technology and Innovation in Ancient Societies*. Washington: Smithsonian Institution Press, pp. 115–31.

ROOSEVELT, Anna C. *et alii*

1991. "Eighth Millennium Pottery from a Prehistoric Shell Midden in the Brazilian Amazon". *Science*, v. 254, n. 5038, pp. 1621–24.

1996. "Paleoindian Cave Dwellers in the Amazon: The Peopling of the Americas". *Science*, v. 272, n. 5260, pp. 373–84.

2002. "The Migrations and Adaptations of the First Americans: Clovis and Pré-Clovis Viewed from South America", in N. G. Jablonski (org.), *The First Americans: The Pleistocene Colonization of the New World*.

San Francisco: California Academy of Sciences, pp. 159–235.

ROSTAIN, Stéphen

2008. "The Archaeology of the Guianas: An Overview", in H. I. Silverman & W. H. Isbell (orgs.), *Handbook of South American Archaeology*. New York: Springer, pp. 279–302.

2010. "Pre-Columbian Earthworks in Coastal Amazonia". *Diversity*, v. 2, n. 3, pp. 331–52.

ROUSE, Irving

1992. *The Tainos: Rise and Decline of the People Who Greeted Columbus*. New Haven: Yale University Press.

SAHLINS, Marshall

1972. *Stone Age Economics*. Chicago: Aldine.

SANTOS-GRANERO, Fernando & Frederica BARCLAY

1994. *Guía etnográfica de la alta Amazonía*. Quito: Flacso.

SCHAAN, Denise

2001. "Os dados inéditos do Projeto Marajó". *Revista do Museu de Arqueologia e Etnologia* (USP), Suplemento 11, pp. 141–64.

2008. "The Non-Agricultural Chiefdoms of Marajó Island", in H. I. Silverman & W. H. Isbell (orgs.), *Handbook of South American Archaeology*. New York: Springer, pp. 339–57.

___ *et alii*

2010. "Construindo paisagens como espaços sociais: O caso dos geoglifos do Acre". *Revista de Arqueologia*, v. 23, n. 1, pp. 30–41.

SCHEEL-YBERT, Rita *et alii*

2008. "A New Age to an Old Site: The Earliest Tupiguarani Settlement in Rio de Janeiro State?". *Anais da Academia Brasileira de Ciências*, v. 80, n. 4, pp. 763–70.

SCHMIDT, Max

1917. *Die Aruaken: Ein Beitrag zum Problem der Kulturverbreitung*. Leipzig: Veit.

SHOCK, Myrtle Pearl & Claide de Paula MORAES

2019. "A floresta é o domus: A importância das evidências arqueobotânicas e arqueológicas das ocupações humanas amazônicas na transição Pleistoceno/Holoceno". *Boletim do Museu Paraense Emílio Goeldi – Ciências Humanas*, v. 14, n. 2, pp. 263–89.

SHADY, Ruth

2006. "La civilización caral: Sistema cocial y manejo del territorio y sus recursos: Su trascendencia en el proceso cultural andino". *Boletín de Arqueología PUCP*, n. 10, pp. 59–89.

SCOTT, James C.

2017. *Against the Grain: A Deep History of the Earliest States*. New Haven: Yale University Press.

SHORR, Nicholas

2000. "Early Utilization of Flood-Recession Soils as a Response to the Intensification of Fishing and Upland Agriculture: Resource-Use Dynamics in a Large Tikuna Community". *Human Ecology*, v. 28, n. 1, pp. 73–107.

SILVA, Lucas C. R. *et alii*

2021. "A New Hypothesis for the Origin of Amazonian Dark Earths". *Nature Communications*, n. 12, 127.

SIMÕES, Mário

1974. "Contribuição à arqueologia dos arredores do baixo rio Negro, Amazonas". *Publicações Avulsas do Museu Paraense Emílio Goeldi*, n. 26, pp. 165–200.

1981. "Coletores-pescadores ceramistas do litoral do Salgado (Pará)". *Boletim do Museu Paraense Emílio Goeldi* – Nova Série, Antropologia, n. 78, pp. 1–31.

__ & Ana KALKMANN

1987. "Pesquisas arqueológicas no médio rio Negro (Amazonas)". *Revista de Arqueologia*, v. 4, n. 1, pp. 83–116.

__ & Daniel LOPES

1987. "Pesquisas arqueológicas no baixo/médio rio Madeira (Amazonas)". *Revista de Arqueologia*, v. 4, n. 1, pp. 117–34.

SMITH, Nigel

1980. "Anthrosols and Human Carrying Capacity in Amazonia". *Annals of the Association of American Geographers*, v. 70, n. 4, pp. 553–66.

STERNBERG, Hilgard

1998. *A água e o homem na várzea do Careiro*. Belém: Museu Paraense Emílio Goeldi.

STEWARD, Julian

1948. "Culture Areas of the Tropical Forests", in *Handbook of South American Indians*, n. 143. Washington: Bureau of American Ethnology, Smithsonian Institution, pp. 883–903.

TAMANAHA, Eduardo K.

2012. *Ocupação polícroma no baixo e médio rio Solimões, estado do Amazonas*. Dissertação de mestrado. São Paulo: Museu de Arqueologia e Etnologia – Universidade de São Paulo.

TRIGGER, Bruce G.

1989. *A History of Archaeological Thought*. Cambridge: Cambridge University Press.

UGARTE, Auxiliomar

2009. *Sertões de bárbaros: O mundo natural e as sociedades indígenas da Amazônia na visão dos cronistas ibéricos – séculos XVI-XVII*. Manaus: Valer.

URBAN, Greg

1992. "A história da cultura brasileira segundo as línguas nativas", in M. Carneiro da Cunha (org.), *História dos índios no Brasil*. São Paulo: Companhia das Letras/ Fapesp/ SMC, pp. 87–102.

1996. "On the Geographical Origins and Dispersion of Tupian Languages". *Revista de Antropologia*, v. 39, n. 2, pp. 61–104.

VALDEZ, Francisco

2019. "Inter-zonal Relationships in Ecuador", in H. Silvermann & W. Isbell (orgs.), *The Handbook of South American Archaeology*. Springer: New York, pp. 865–88.

VALLE, Raoni B. M.

2012. *Os petróglifos da bacia do Rio Negro, estado do Amazonas*. Tese de doutorado. São Paulo: Museu de Arqueologia e Etnologia – Universidade de São Paulo.

VIALOU, Denis *et alii*

2017. "Peopling South America's Centre: The Late Pleistocene Site of Santa Elina". *Antiquity*, v. 91, n. 358, pp. 865–84.

VICENTINI, Alberto

2001. "As florestas de terra firme", in A. Oliveira & D. Daly (orgs.), *Florestas do rio Negro*. São Paulo: Companhia das Letras/Unip/ The New York Botanical Garden, pp. 145–77.

VIVEIROS DE CASTRO, Eduardo

1986. *Araweté: Os deuses canibais*. Rio de Janeiro: Jorge Zahar.

WALKER, Robert & Lincoln A. RIBEIRO

2011. "Bayesian Phylogeography of the Arawak expansion in Lowland South America". *Proceedings of the Royal Society – Biological Sciences*, v. 278, n. 1718.

WATLING, Jennifer *et alii*

2018. "Direct Archaeological Evidence for Southwestern Amazonia as an Early Plant Domestication and Food Production Centre". *PLoS ONE*, v. 13, n. 7.

WILLEY, Gordon & Phillip PHILIPS

1958. *Method and Theory in American Archaeology*. Chicago: University of Chicago Press.

WILLIAMS, Dennis

1997. "Early Pottery in the Amazon: A Correction". *American Antiquity*, v. 62, n. 2, pp. 342–52.

WILSON, Daniel

1999. *Indigenous South Americans of the Past and Present: An Ecological Perspective*. Boulder: Westview.

WOODS, William I.

2009. *Amazonian Dark Earths: Wim Sombroek's Vision*. Dordrecht: Springer

__ & Joseph M. MCCANN

1999. "The Anthropogenic Origin and Persistence of Amazonian Dark Earths". *Yearbook of the Conference of Latin American Geographers*, v. 25, pp. 7–14.

WRIGHT, Robin

1990. "Guerras e alianças nas histórias dos Baniwa do alto rio Negro". *Ciências Sociais Hoje*, pp. 217–36.

WÜST, Irmhild

1994. "The Eastern Bororo from an Archaeological Perspective", in A. Roosevelt (org.), *Amazonian Indians from Prehistory to the Present: Anthropological Perspectives*. Tucson: University of Arizona Press, pp. 315–42.

__ & Cristiana BARRETO

1999. "The Ring Villages of Central Brazil: A Challenge for Amazonian Archaeology". *Latin American Antiquity*, v. 10, n. 1, pp. 3–23.

ÍNDICE DE MAPAS E FIGURAS

10 **MAPA 1** — Região amazônica. Desenho: Marcos Brito.

11 **MAPA 2** — Amazônia central. Desenho: Marcos Brito.

116 **MAPA 3** — Sítios na área de confluência dos rios Negro e Solimões. Desenho: Marcos Brito.

22 **FIGURA 1** — O "modelo cardíaco" de Donald Lathrap, publicado em *The Upper Amazon* (1970).

30 **FIGURA 2** — Várzea do rio Solimões. Foto: Eduardo G. Neves.

38 **FIGURA 3** — Feições de terras pretas identificadas no sítio Laguinho. Abaixo, à esquerda, antes da escavação; acima e abaixo à direita, depois da escavação. Fotos: Eduardo G. Neves.

43 **FIGURA 4** — Escavação de montículo funerário da cultura Paredão, no sítio Hatahara. Foto: Val Moraes.

59 **FIGURA 5** — Pinturas rupestres na gruta da Pedra Pintada. Foto: Maurício de Paiva.

65 **FIGURA 6** — Perfil estratigráfico de escavação no sítio Dona Stella. As camadas claras correspondem a depósitos de areia, e as escuras, aos horizontes espódicos e ao embasamento rochoso. Desenho: Marcos Brito.

68 **FIGURA 7** — Ponta de projétil bifacial, c. 6500 AEC, sítio Dona Stella. Foto: Wagner Souza e Silva.

96	**FIGURA 8**	Conjunto de fragmentos cerâmicos e vasos inteiros fragmentados *in situ*, fase Manacapuru, sítio Hatahara. Foto: Val Moraes.
99	**FIGURA 9**	Prancha que correlaciona a distribuição de cerâmicas com decoração modelada zoomorfa à expansão arawak (Nordenskiöld 1930).
103	**FIGURA 10**	Fragmentos cerâmicos da fase Açutuba na Amazônia central – exemplos de decoração plástica e pintada. Foto: Eduardo G. Neves.
105	**FIGURA 11**	Vasilhame da fase Pocó, sítio Boa Vista, rio Trombetas. Foto: Maurício de Paiva.
119	**FIGURA 12**	Vasos da fase Paredão parcialmente reconstituídos por Claide Moraes, sítio Antônio Galo. Foto: Claide Moraes.
120	**FIGURA 13**	Sítio Laguinho – perfil com feições no qual se nota o contraste entre a terra preta e o latossolo amarelo típico da região. Foto: Eduardo G. Neves.
130	**FIGURA 14**	Plantas de sítios indicando concentrações de montículos e cerâmicas em estruturas circulares ou semicirculares (exceto Laguinho). Desenho: Marcos Brito.
137	**FIGURA 15**	Datas radiocarbônicas compiladas para a Amazônia central.
138	**FIGURA 16**	Sítio Laguinho – vista do montículo e detalhe do perfil estratigráfico. Foto: Eduardo G. Neves.
144	**FIGURA 17**	Sítio Hatahara – área de concentração de urnas funerárias das fases Manacapuru e Paredão. Foto: Val Moraes.
152	**FIGURA 18**	Vasos e fragmentos da fase Guarita. Foto: Eduardo G. Neves.

152 **FIGURA 19** Fragmento de vaso Guarita com decoração excisa e flanges mesiais. Foto: Maurício de Paiva.

153 **FIGURAS 20 E 21** Urnas funerárias antropomorfas da fase Guarita, sítio Urucurituba. Fotos: Maurício de Paiva.

154 **FIGURA 22** Vasos antropomórficos do tipo Nuevo Rocafuerte, fase Napo, tradição polícroma, rio Napo, Equador (Evans & Meggers 1968, prancha 63).

161 **FIGURA 23** Planta do sítio Lago Grande. Desenho: Marcos Brito.

SOBRE O AUTOR

EDUARDO GÓES NEVES nasceu em 1966, em São Paulo. Em 1986, graduou-se em História pela Universidade de São Paulo (USP). Entre 1989 e 1997, realizou mestrado e doutorado em Antropologia na Universidade de Indiana, nos Estados Unidos. De 1995 a 2010, conduziu as escavações do Projeto Amazônia Central (PAC). Atualmente realiza pesquisas de campo em Rondônia, Acre e Bolívia. Foi presidente da Sociedade Brasileira de Arqueologia (SAB) entre 2009 e 2011 e integrou a diretoria da Society for American Archeology (SAA) entre 2011 e 2014. Foi professor visitante Capes na Harvard University, nos Estados Unidos; no Muséum National d'Histoire Naturelle (MNHN), na França; na Universidad Nacional del Centro de la Provincia de Buenos Aires (Unicen), na Argentina; na Pontificia Universidad Católica del Perú (PUCP), no Peru; e no Museu Nacional da Universidade Federal do Rio de Janeiro (UFRJ). É professor do Programa de Pós-Graduação em Diversidade Sociocultural do Museu Paraense Emilio Goeldi (PPGDS-MPEG) e do Programa de Pós-Graduação em Arqueologia do Neotrópico, na Escuela Superior Politécnica del Litoral (Espol), no Equador, pesquisador do Centro de Estudos Ameríndios (CEStA-USP) e coordenador do grupo de pesquisa "Ecologia Histórica dos Neotrópicos", do CNPq. Supervisionou mais de sessenta teses, dissertações e projetos de iniciação científica. Desde 2014, é professor-titular do Museu de Arqueologia e Etnologia (MAE-USP), onde ensina na graduação e pós-graduação e coordena o Laboratório de Arqueologia dos Trópicos (Arqueotrop). Ganhou em 2019 o prêmio de pesquisa do Fórum Arqueológico de Xangai. Em 2022, foi indicado para o cargo de diretor do MAE-USP.

OBRAS SELECIONADAS

Arqueologia da Amazônia. São Paulo: Zahar, 2006.

[EM COLABORAÇÃO]

"The Call of the Wild: Rethinking Food Production in Ancient Amazonia". *Annual Review of Anthropology*, v. 48, n. 1, 2019, pp. 371-88.

"Direct Archaeological Evidence for Southwestern Amazonia as an Early Plant Domestication and Food Production Centre". *PLOS ONE*, v. 13, n. 7, 2018.

"Was There Ever a Neolithic in the Neotropics? Plant Familiarisation and Biodiversity in the Amazon". *Antiquity*, v. 92, n. 366, 2018, pp. 1604-18.

"Persistent Effects of Pre-Columbian Plant Domestication on Amazonian Forest Composition". *Science*, v. 355, n. 6328, 2017, pp. 925-31.

"The Domestication of Amazonia before European Conquest". *Proceedings of the Royal Society B: Biological Sciences*, v. 282, n. 1812, 2015.

"Amazonian Archaeology". *Annual Review of Anthropology*, v. 38, 2009, pp. 251-66.

"Historical and Socio-Cultural Origins of Amazonian Dark Earth", in B. Glaser, J. Lehmann, W. I. Woods & D. C. Kern (orgs.), *Amazonian Dark Earths: Origin, Properties, Management.* Dordrecht: Springer, 2003, pp. 29-50.

"Village Size and Permanence in Amazonia: Two Archaeological Examples from Brazil". *Latin American Antiquity*, v. 10, n. 4, 1999, pp. 353-76.

UNIVERSIDADE DE SÃO PAULO

REITOR Carlos Gilberto Carlotti Junior
VICE-REITORA Maria Arminda do Nascimento Arruda

 EDITORA DA UNIVERSIDADE DE SÃO PAULO

DIRETOR-PRESIDENTE Sergio Miceli Pessôa de Barros

COMISSÃO EDITORIAL
PRESIDENTE Rubens Ricupero
VICE-PRESIDENTE Maria Angela Faggin Pereira Leite
Clodoaldo Grotta Ragazzo
Laura Janina Hosiasson
Merari de Fátima Ramires Ferrari
Miguel Soares Palmeira
Rubens Luis Ribeiro Machado Júnior
SUPLENTES Marta Maria Geraldes Teixeira
Primavera Borelli Garcia
Sandra Reimão

EDITORA-ASSISTENTE Carla Fernanda Fontana
CHEFE DIV. EDITORIAL Cristiane Silvestrin

 EDUSP – EDITORA DA UNIVERSIDADE DE SÃO PAULO
Rua da Praça do Relógio, 109-A,
Cidade Universitária
05508-050 – São Paulo – SP – Brasil
Divisão Comercial: tel. (11) 3091-4008 / 3091-4150
www.edusp.com.br – e-mail: edusp@usp.br

© Ubu Editora, 2022
© Eduardo Góes Neves, 2022

ILUSTRAÇÃO DA CAPA Elisa Carareto
IMAGEM CONTRACAPA Perfil estratigráfico de sítio. Eduardo Góes Neves

EDIÇÃO Florencia Ferrari
PREPARAÇÃO Cacilda Guerra e Gabriela Naigeborin
REVISÃO Hugo Maciel
PROJETO GRÁFICO Lívia Takemura
TRATAMENTO DE IMAGEM Carlos Mesquita

EQUIPE UBU
DIREÇÃO EDITORIAL Florencia Ferrari
COORDENAÇÃO GERAL Isabela Sanches
DIREÇÃO DE ARTE E DESIGN Elaine Ramos; Júlia Paccola (assistente)
EDITORIAL Bibiana Leme, Gabriela Naigeborin, Júlia Knaipp (assistentes)
COMERCIAL Luciana Mazolini; Anna Fournier (assistente)
CRIAÇÃO DE CONTEÚDO / CIRCUITO UBU Maria Chiaretti;
     Walmir Lacerda (assistente)
GESTÃO SITE / CIRCUITO UBU Laís Matias
DESIGN DE COMUNICAÇÃO Marco Christini
ATENDIMENTO Micaely da Silva
PRODUÇÃO GRÁFICA Marina Ambrasas

1ª reimpressão, 2023

UBU EDITORA
Largo do Arouche 161 sobreloja 2
01219 011 São Paulo SP
ubueditora.com.br
professor@ubueditora.com.br
/ubueditora

Dados Internacionais de Catalogação na Publicação (CIP)
Bibliotecário Vagner Rodolfo da Silva – CRB 8/9410

N518s   Neves, Eduardo Góes
    Sob os tempos do equinócio: oito mil anos de história na Amazônia Central / Eduardo Góes Neves. –
São Paulo: Ubu Editora / Editora da Universidade
de São Paulo, 2022.
    224 pp.
    ISBN UBU 978 85 7126 070 2
    ISBN EDUSP 978 65 5785 090 9

1. Antropologia. 2. Arqueologia. 3. Ciências sociais.
4. Ecologia. 5. Indígenas. 6. Amazônia. I. Título.

2022-1692   CDD 301   CDU 572

Índice para catálogo sistemático:
1. Antropologia 301   2. Antropologia 572

A edição deste livro contou com apoio da
Fundação de Amparo à Pesquisa do Estado de
São Paulo – processo 2021/09228-0.

As opiniões, hipóteses e conclusões ou
recomendações expressas neste material
são de responsabilidade do autor e não
necessariamente refletem a visão da FAPESP.

PAPEL Pólen bold 70 g/m²
FONTES Tiempos e Politica
IMPRESSÃO Margraf